TALES OF THE
FULL
MOON

SUE HART

月圆时的丛林聚会

[英] 苏·哈特◎著

新华出版社

图书在版编目（CIP）数据

月圆时的丛林聚会 /（英）苏·哈特（Hart, S.）著；玉川译 . -- 北京：新华出版社，
2016.5
书名原文：Tales of The Full Moon
ISBN 978-7-5166-2512-5

Ⅰ．①月… Ⅱ．①哈… ②玉… Ⅲ．①野生动物－动物保护 Ⅳ．① S863

中国版本图书馆 CIP 数据核字（2016）第 098870 号
著作权合同登记号：01-2016-2570

月圆时的丛林聚会

作　　者：（英）苏·哈特（Hart, S.）　　　译　者：玉　川

选题策划：朱思明　　　　　　　　　　　责任编辑：朱思明
封面设计：梓　明　　　　　　　　　　　责任印制：廖成华

出版发行：新华出版社
地　　址：北京石景山区京原路 8 号　　　邮　编：100040
网　　址：http://www.xinhuapub.com　　http://www.press.xinhuanet.com
经　　销：新华书店
购书热线：010-63077122　　　　　　　　中国新闻书店购书热线：010-63072012

装帧设计：梓明等
印　　刷：北京凯达印务有限公司
成品尺寸：190mm×265mm　　1/16
印　　张：6.5　　　　　　　　　　　　　字　数：62 千字
版　　次：2016 年 6 月第一版　　　　　　印　次：2016 年 6 月第一次印刷
书　　号：ISBN 978-7-5166-2512-5
定　　价：29.00 元

目 录 | TABLE OF CONTENTS

Preface
作者的话

很久以前，当我开始写这些故事，那些让我受益匪浅的树林、水塘、天空和所有的动物好像都在鼓励我，让我与世界上数以百万计尚不知晓这些知识的人们来分享它们。我开始认真地通过出版物、电影、音像制品和在非洲及非洲以外的很多国家举办公共讲座来分享我对大自然的认识和了解。我收到潮水般的反响，与热心受众建立了许许多多的联系。由此我感到，这条路走对了，我的工作是人们需要的。

在写作的过程

中我认识到，多彩的大自然——树林、草原、高山、峡谷，居住在这里的形形色色的生物，以及生命之河早已在我的童年时代就深深植根在我心里。那时，我就想象非洲将是我的家园。我没有自问过，为什么能有如此的信心和志向，有一天将把我的一生都奉献给这块远隔千山万水的古老大陆。

慢慢地，我的使命犹如催化剂，打开了世界各地无数人的心扉，去拥抱神奇的大自然。别忘了，自然可以存在于你后花园的树下，或城市公园里一小片绿地，也能存在于任何一个可以无拘束发展的空间里。通过触摸大自然，我感到自己似乎融入多时段的多元空间，草木、石块引领我抵达充满能量和美丽的地方，郁郁葱葱的树林诱惑着我在永恒的生命里呼吸。

于是有一天，一只名叫"慧慧"的神奇又富于探险精神的蜘蛛出现在我的脑海里，好像在召唤我去分享她的世界。我们通过灌木丛中这个讲故事的蜘蛛，探索神秘的自然世界，分享灌木丛中动物们的秘密。她来了，就在我的衣袖上，想要讲述她的故事，因为圆圆的月亮照亮了她整齐的蛛网。

Introduction
引子

我是蜘蛛，名字叫慧慧。

灌木丛里住着各种各样的动物，大的、小的、会飞的、会跑的，我是他们的伙伴和邻居。在这里，所有的动物互相依存，就像我依赖他们一样。你看到河边上那棵高大壮观的荆棘树了吗？那就是我的家，它像一把大伞，为来往的过客提供阴凉和歇息的地方。

如果你在这里，我会带你去看看那些往水边去的动物。他们有的在水塘里打滚，有的在饮水。不管他们是谁，离开后，都会在这里留下他们的脚印和气味。

你来找找我吧。沿着小路来到大象聚集的风车子树下，大树根那儿有一枝粗糙扭曲的树枝。这个树枝很特别，因为黑犀牛皮

皮总是在这儿蹭痒痒。从这里往上看，你就能看到我的家了。

在灌木丛里，他们都管我叫爱管闲事的家伙。没错，因为我非常喜欢知道周围发生的一切。很久以前，猫头鹰乎乎就提议我当丛林记录员，把发生的一切故事编织成一个生活之网。乎乎说得真对，我记录的故事全都是真实的。当故事传来传去的时候，很容易把事实搞错。但我记录故事，绝不会把事实弄错。就连可爱又富有想象力的松鼠嘻嘻都相信我的故事。

每当月圆的时候，月光照耀着灌木丛，远远近近的动物们都来到我住的大树下，聆听我讲朋友们的探险经历。他们能听我讲上几个小时，还不愿离去，甚至让我一遍一遍重复讲，特别是猫头鹰乎乎和松鼠嘻嘻，他们好像一刻也不能安静。为了听故事，动物们总是期盼着月圆的夜晚，甚至忘记了自己平时恐惧的天敌。

你能相信吗，小河马华华竟然趴在豹子如风和鳄鱼刷刷中间，而疣猪胖胖带着他的太太和孩子挤在狮子吼吼的旁边！来听故事的还有斑点鬣狗哈哈、大象鼓鼓、长颈鹿高高、猴子莫林和犀牛皮皮，当然还有身披翡翠斑点羽毛的绿点森鸠嘟嘟，它舒服地落在斑马条条的背上。

动物们都安静下来了。我呢，顺着网中的丝线，开始把丛林里的故事娓娓道来。我整整齐齐的蛛网在银色的月光下犹如丝丝银河。

大象当救兵

RUMBLE DRUM *to the* RESCUE

我当了这么多年的灌木丛记者，还是没有完全搞懂大自然里的声音。绿点森鸠嘟嘟和松鼠嘻嘻对我帮助很大，他们好像对所有动物都熟悉。

生与死的戏剧每天都在大自然里上演，它也是我故事的一部分。当然还有探险和奇妙的伙伴关系。即使在那些你认为熟悉的丛林路途上，你也很难猜到前面拐弯的地方正发生着什么事。

一天早上，当我走过靠近河边的一片无花果树林，突然听到一声巨响，接着是一阵嘈杂和咕噜声。

我急急忙忙赶到发出声响的地点，一边想，我这个灌木丛记者一定又有可以报道的故事啦！

是犀牛们又打架了，还是疣猪们在争吵？也可能是一只愤怒

的河马在返回河里的途中受到骚扰，或者是一头水牛正在保护她的孩子？

"嗨，嗨，"下面的一只河马在喊叫，"我们来点点数，看大家是不是都回来了。都过来，今天会很热呀！"

此时此刻，我真有点嫉妒这些成群的河马。我想，如果我也有像河马这样一个互相关心的群体该多好！

"慧慧，别自己可怜自己啦，"一个小声音在我身体里说，"丛林所有的动物都是你的朋友，你有什么可抱怨的？"

轰，轰！又是一声巨响和破碎声，紧接着又是一响。当我赶到那里时，已经围了很多动物了。

两只公黑斑羚正在角斗，他们的羚羊角扭在了一起，旁边一群悠闲的母羊在观战。

"出了什么事？"我问，"他俩为什么打架呀？"

长颈鹿高高说，"每年这个季节，公黑斑羚就会为了母羊而竞争。黑斑羚羊群里只能有一个头领。但你看见了吧，就是头领有时也会受到挑战。"

我看着他们，两只公羊打斗得筋疲力尽，最后都双膝着地，鼻孔抽搐，身体大汗淋漓。他俩弯曲的羚羊角缠扭在一起，分不开了！

"难道就没有办法拉开他们了吗？"我担心地问。

唉，这回看起来就连万事通松鼠嘻嘻也无计可施了。

这时，疣猪胖胖带着一家人出现了。他们好像被眼前的景象

给吓住了。疣猪和黑斑羚相互很熟悉，经常能看到他们在一起。疣猪拱地，羚羊在附近吃草，他们互相守望。因为在不远的地方，总会有其他猎物虎视眈眈。

"别停下，让他们继续打呀！"胖胖家的一个小子看热闹地说，"这俩羚羊解决不了他们之间的问题，跟我们有什么关系？"

"看呀，苍蝇都叮在他们的眼睛上了，"松鼠嘻嘻说，"那就说明他们快要死了！嗨，没关系，"嘻嘻甩着毛茸茸的大尾巴说，"其他很多英俊的羚羊会取而代之的。"

"嘘，嘻嘻！"我说，"你到一边去，跟胖胖家的孩子玩要不好吗？"

"看你们这几个孩子谁敢走！"长着獠牙的疣猪胖胖生气地说，"在这种情况下，好邻居和好朋友不能扭头走开，应该帮忙。"他又接着说："你们这些小猪，还有你，嘻嘻，这是必须上的一课。如果你们不这样做，有一天当你需要帮助的时候，也没人会理睬你。"

胖胖说完，立刻走到那两只陷于困境的黑斑羚跟前，把自己的一只长牙从下面钩住其中的一只羚羊角尖。可是不管胖胖怎么使劲拉、使劲推，两只羊角还是扭缠在一起，纹丝不动。

"嘿，疣猪！"鬣狗哈哈从河边一丛茂密的灌木后面闪出来，笑着说，"你没戏吧？还不如让我来试一把？"

"你以为你能干什么？你这个啃骨头的脏东西！"胖胖生气地说，"再说了，我还不能肯定是否信任你呢。你根本控制不了自己贪得无厌的食欲！"

"不会，不会！"鬣狗笑着说，"当我们帮助朋友时，绝不会张口咬的。"

一边说着，鬣狗俯身爬到黑斑羚跟前，张开大口想咬住其中的一只羚羊角。

"唉，我的脑袋太大，插不进羊角之间。"她转过来，扭过去，还是不成功，嘟哝地说，"在灌木丛里，还没有我搞不定的东西。但这次好像比我想象的要费劲！"

"走开！"一只灰色走开鸟在树顶上叫着，一边不耐烦地扇着翅膀，"鬣狗和黑斑羚永远都成不了朋友！"

也许是走开鸟的喊声惊醒了正在打盹的犀牛皮皮，皮皮总是喜欢在吃完早饭后闭目养神一会儿。发生了什么事？犀牛大摇大摆地走过来，一路掀起一阵灰尘。

"也许我能帮上忙？"犀牛说，"不管怎么说，我从来不记得黑斑羚伤害过我。"

但是，皮皮也无法把黑斑羚的角分开，他既近视又缺乏耐心。

"真抱歉，"皮皮嘟哝着对黑斑羚说，"看来我帮不了你们。不过我可以在远处帮你们放哨，万一饥饿的狮子往这边来呢。"

"我来啦，我来啦。我知道怎么办。"披着翡翠斑点羽毛的森林斑鸠嘟嘟叫着说，"只有一个家伙能解开这个扭结，他就是大象鼓鼓！他又强壮又聪明。"

当嘟嘟飞走去寻找大象时，我靠近那两只不幸的黑斑羚，想安慰他们一下。

"放心吧，不用等很长时间了。"我说，"森鸠已经飞去找大象鼓鼓啦。鼓鼓一定会想出办法来的。他从来不让我们失望。"

两只羚羊好像没听见我的话，只是摆动了几下他们白色的绒尾巴。

太阳升得更高了。虽然已经是初冬，但是在我们这儿的灌木丛林里依然又干燥又炎热。几只秃鹰在空中盘旋，似乎随时等待着死亡到来的时刻。

"大家安静！"疣猪好像在发布命令，"我感觉有大家伙要过来了，我能感到一步一步震颤大地的脚步。"

刚说完，一头庞然大物从树林里出来了。他把我们一一巡视了一遍，伸伸象鼻算是跟我们打了招呼。

"别浪费时间，"森鸠嘟嘟着急地说，"要不就太晚了！"

"行呵，行呵，嘟嘟！我听见了。"大象用低沉的声音说，"我来了，我知道你想让我干点儿什么。别那么烦躁。"大象一边摇头，

一边说，"你很明白只要我能办到，就一定会帮忙的。"

"嗨嗨，大家闪开，让他过去。"犀牛皮皮张罗着说。

当我调整一下我的蛛网想找一个更好的观看角度时，感觉被旁边什么东西碰了一下。

"现在你将看到一个值得你讲述的满月故事了，"原来是长颈鹿高高来到我旁边，"我只希望这两只黑斑羚能及时得救。"

大象鼓鼓一刻也没浪费，他知道这两只羚羊已经坚持不了太久了。他在黑斑羚旁边跪下，用他那像手一样的象鼻子轻轻地触碰他们的头和角。

大象对黑斑羚说："现在，我灌木丛中的小朋友，不要为我即将做的事而惊动。我是来帮助你们的，但你们只有静静地不动我才能解救你们。请千万不要乱动或挣扎。"

两只羚羊看到庞大伟岸的大象来帮助他们，哼哼了一下作为回答。大象的到来使他们看到了一线希望，我们都看到了。

大象慢慢地用他的长鼻子绕住其中一只羚羊的身体，轻轻地卷住。

"千万别害怕，"大象反复说，"卷住你身体的是我的鼻子，可不是什么蟒蛇。别动，别害怕！"

大象以极大的耐心，把卷住的那只羚羊轻轻地左右摇晃，就好像我们开酒瓶塞一样，扭一扭，转一转。羚羊的身体一会儿向前，一会儿向后，慢慢地两只羚羊扭结在一起的角松动了。有时候他们的角又缠绕上了，大象不得不重新来。

"我们一定会赢的，就是需要耐心。"大象说。

这次，大象把他的头朝羚羊的身体弯过去，使他的鼻子能更好地卷住羚羊。一点一点地，羚羊的身体终于解脱出来了。

"成功啦，成功啦！"猴子在树顶上大喊。

"嘟嘟，嘟嘟，嘟嘟嘟！"森鸠也在一棵无花果树上欢笑，"我们的大象真棒！"

两只黑斑羚难以相信他们已经解脱出来，他们的羊角仍然互相顶着，因为他们的腿发着抖，难以支撑身体。

"嗨，你们两个，站起来，你们自由啦！"大象用他的象牙碰碰羚羊。

看到两只羚羊好像晕晕乎乎，动不了，大象走到河边吸了满满一鼻子的水，喷到羚羊身上。 两 只羚羊马上就站起来了，不停地点头，好像总算明白自己已经解脱出来了。

看着他们点头，一瞬间，我还担心他俩又要打架！

"哦，千万别再打。"大象用他的鼻子尖拍打羚羊的屁股，"这一天你们应该受够了！"

"我要有个这样的鼻子多好，"犀牛闷闷地说，"真有用。我可以用它吸水，冲刷自己，然后到树林里去。或许，我老是这样想的话，时间久了，我这个钩钩的嘴唇可能会长得像象鼻子那

么长。"犀牛一边嘟哝一边蹒跚地回家去了。

两只黑斑羚仰望着解救了他们的大象，想表达他们的感激之情。

"不必客气，"大象说，"以后千万别惹麻烦了。如果你们一定要打架，我知道有时是不可避免的，一定要小心你们的角。下一次，没准儿附近找不到朋友可以帮你们了。"

好像告诉羚羊他们可以走了，大象摇了摇头，耳朵搭拉下来。他晃动一下鼻子向我告别，然后，就像来的时候一样，悄悄地离开了。

啄木鸟智救老犀牛
RIP RHINO
and the
WOODPECKER'S
WISDOM

黑犀牛皮皮住在密林深处，那里枝繁叶茂，只有丝丝缕缕的阳光透射进来。皮皮每天都很忙，找树叶，找果子和豆荚，还要不停巡视自己的家园，赶走那些不请自来的入侵者。

除了有时寻偶，皮皮总是独自生活。他不大跟其他犀牛来往，情愿自个儿住。

虽然我认识皮皮很久了，但还是不太了解他。他为什么总是那么坏脾气？甚至在大雨过后，灌木丛里大家都手舞足蹈的时候，他为什么还是不高兴呢？

如果不是皮皮的坏脾气，9月里的那一天他本不会那么倒霉。我想，皮皮跟我们大家一样，要在生活中学习，接受教训，别无其他选择。

那是一个炎热而尘土飞扬的早晨，好像什么事都不顺。一群傲慢的邻居狮子在皮皮通常用来留信息的地点乱踩了一些脚印。

皮皮提出抗议，但狮子不仅不理睬，反而发出威胁，吓得皮皮只好把阵阵发疼的头伸进水塘里去寻求安宁。

这还不够心烦，疣猪胖胖一家比他先一步到了水塘，又吵又闹，皮皮实在无法忍受了！

他烦恼地喘息着，离开水塘，退到一丛无花果树荫下，不耐烦地抖掉一群嗡在他身上的牛椋鸟。牛椋鸟可从没受过这样的对待。

"犀牛先生，你怎么啦？"牛椋鸟问他，"你难道不知道我们是来帮你清理耳朵里和尾巴下的扁虱的吗？"

一群在无花果树枝上玩耍的猴子听到了牛椋鸟的话，忍不住嘲笑犀牛皮皮。

"犀牛先生，你身上扁虱都满啦！"猴子王说，"我们从树上都能看见呐！要不让我们下来帮你清理一下？当然啦，我们的手指可没有牛椋鸟钩钩的嘴巴尖。"

正当皮皮要反驳猴子的那一刻，猴子玩耍的那枝枯树枝突然断掉，差一点就砸了牛椋鸟。

"谁在那？"近视眼的皮皮紧张地说，一边转来转去，警惕着他想象的袭击者。牛椋鸟和猴子还来不及告诉他，皮皮一扑而

起，头一下撞在附近的树干上。

　　呜呜！他肯定撞得好狠呀！我通过我的伞刺都听到了，不得不紧紧抓住树枝，生怕掉下去！

　　"到底是发生什么事啦？"在我头顶的森鸠嘟嘟和松鼠嘻嘻问道，"我们最好去看看！"

　　"嘻嘻，别慌张！"当松鼠长尾巴一闪就消失了的时候，我赶忙叫他，"可能就是一棵老风车子树倒了。我修好我的网就赶快过去。"

　　"自己当管家就是有这些麻烦，"当我修复了最后一丝网线时这样想到，"我不得不常常待在家里"。

　　如果每次月圆的时候，我的蛛网不是整整齐齐的话，我讲的故事也会条理不顺。

　　嘻嘻很快就回来了，他跳到我的树枝上，大尾巴兴奋地上下甩动。

　　"你可猜不到那个坏脾气的老犀牛发生了什么事！"嘻嘻说。

　　"我猜不着，告诉我吧，你这个浮躁的小东西！这次一定要把事实搞清楚哦。"

　　"你知道狒狒睡觉的那棵无花果树吗？事情就发生在那儿！"嘻嘻说。

　　我说："嘻嘻，我知道那棵树。到底发生了什么？"我有点着急，因为我肯定嘻嘻看到了什么不寻常的事。我记得那棵树，有一次因为一只黑蝎子，我在那里差点丧了命。幸亏猫头鹰乎乎

救了我，要不就没有记者讲这个故事了！

　　"你信不信，慧慧，那无花果树一下撞到犀牛的角上，"嘻嘻急急忙忙地说，"现在他俩谁都动不了，不能往前往后，也不能往旁边移动。"

　　"嗨，小梦游，"站在旁边一根树枝上的森鸠嘟嘟说，"你讲故事总是搞错。树不能走，怎么能撞上犀牛呢？是犀牛皮皮的角撞上了树。他没有看清前面就走，现在角撞进树干，头怎么也动不了了。"

　　直到下午，我才到了那棵老无花果树那里。这时，暗红啄木鸟已经在那儿了。他在树皮上磨了磨鸟嘴，开始在树干上打洞。

　　突然他停下来，好像刚发现了犀牛。

　　"天哪，"他自言自语道，"这个犀牛看上去有点古怪噢。"

　　"下午好，犀牛先生！你站在我的树旁已经好长时间了，在想什么呢？"啄木鸟问道。

　　"哼，只有傻瓜小鸟才能说出这样的蠢话。"皮皮心里说，"他肯定在嘲笑我这副倒霉样子。"

"犀牛先生，犀牛先生，"啄木鸟笑着说，"你的角哪去了？你看上去好古怪呀。当然了，不久你就会长出一只新的角！"

"你这只愚蠢的鸟，你难道看不见发生了什么？"犀牛吼道，"我的长角扎到树干里了，如果没人帮助我，我就永远困在这儿了！"

可怜的犀牛，他但愿啄木鸟飞走，让自己至少安静会儿。

"谁也没办法把犀牛从树干拉开，"猴子说，"他只好一直待在这儿等死了。"

"噢，绝不会的！"啄木鸟说，"我们有尖利的鸟喙，我们一定会把他解救出来的。"

啄木鸟对犀牛说："我一会儿就回来，一定的，我保证！"说完，他就飞去找他的朋友们了。

时间慢慢过去，犀牛的脖子都僵硬了，身体也越来越冷，腿开始打战。他突然感到心慌。他好像一生中从来没有这样害怕过，一向骄傲的犀牛向来不承认恐惧。

天色渐渐晚了，围观的动物帮不了什么忙，一个个分头离去了。松鼠嘻嘻去寻觅干果，森鸠嘟嘟去找种子吃，猴子们去摘取无花果，斑马条条匆忙回到家人的牧区一起吃牧草。

我决定留下来，虽然我也很想吃点东西，例如一只小蛾子。但是，如果我离开了，就不会知道最后发生了什么。

过了好长时间，我们忽然听到一阵阵翅膀扇动的声音，好像

来自四面八方。

"犀牛先生，他们来了，啄木鸟飞回来啦！"我高兴地对犀牛说，"你真走运，很快就会自由了！"

皮皮动了动脚，摆了摆短尾巴，他对一群啄木鸟能帮什么忙没有太大信心。

领头的啄木鸟飞到犀牛头上说："我们被称为啄木鸟不是没有原因的。我把我的朋友都叫来了，我们会把你救出来的。"

接着，我就听到了笃笃的啄木声，一片片木头碎屑散落到地上。树木很硬，但啄木鸟的鸟喙非常尖利。他们的爪子紧紧抓住树干，一刻不停地啄木。

"一群长羽毛的家伙，"犀牛自己嘟哝着，"如今我周围都是些什么伙伴。唉，恐怕以我目前的这种状况，也不能太挑剔了。"

"你说什么？看不起小鸟吗？"我在树枝上问犀牛，"你不知道鸟类是精彩绝伦的动物吗？难道你不想像他们一样能自由飞翔吗？"

"嗯，我最不喜欢被风吹来刮去了！"犀牛回答我说，"不，我一点儿都不想像鸟一样飞。"

"噢，皮皮，你还有很多东西要学呀。"我说，"鸟儿根本不是被风刮上天空的。他们生就一身能应付各种气候的羽毛，不同的鸟类长有不同花色的羽毛。所有的鸟类都有适合各自生存的完美结构。"

我又接着说："等你解脱出来，要抬头四处看看，不要只盯

着眼前的东西。这个世界比你知道的要美丽得多呢。"

"我想我们完成任务啦！"树上传来啄木鸟的声音，"犀牛先生，你往后退一步。我想你的角可以从树干上抽出来了。"

等了一会儿，犀牛没有动，接着我看到一大滴眼泪从他布满皱纹的脸上滚落下来。

"唉，我真是一个老傻瓜！"皮皮说，"一个坏脾气的老傻瓜。啄木鸟们费了这么多劲来解救我这个粗鲁又古怪的老犀牛。"

说完，犀牛开始后退，先退后脚，再慢慢退回前脚。然后挪动一下头和脖子，扭动一下头上的角，甩甩尾巴，最后全身抖了一下。

"呵，太难以置信了！这是真的吗？"犀牛惊喜地说，"我太幸运了！谢谢啄木鸟，我必须为我的坏脾气向你们道歉！"

但是当皮皮抬头看时，啄木鸟们都已经飞走了。只有我还待在那儿，看着犀牛低头仔细看着地上掉落的一片带斑点的褐色羽毛，好像以前从来没见过一样。

长颈鹿嗓子疼怎么办
TOPS GIRAFFE
has a
SORE THROAT

长颈鹿是地球上最高的动物，头可以伸到树上去。

长颈鹿高高是我最好的朋友之一，她能看到许多我这个小蜘蛛看不到的东西。

大多数的早晨，她的脑袋就出现在我栖身的那棵伞状大树枝杈的旁边。早饭前，高高总是喜欢跟我打个招呼，她会说："早上好，慧慧！你一切都还好吧？"

天哪，你应该看到她怎么吞下那些带刺的东西，好像对她没有任何危害！

有时我跟高高聊天会聊上一个小时。她在丛林里见多识广，喜欢跟我聊她的旅行经历。

你惊讶吗？我知道为什么——大多数人都以为长颈鹿不会

说话。其实他们会，他们发出的每一声噪音，都表达不同的意思。

"呜呜，真让我难以相信！"猫头鹰说。

"是呀，我也不太相信！"鬣狗哈哈大笑着说。

疣猪一家也凑热闹地过来了。

"我肯定，不可能活一辈子不说话吧。"狮子吼吼也发表意见，"如果我们不说话，怎么跟他人交流我们的日常生活呢？例如计划一场狩猎，教育孩子，还有警告其他狮子退到远处去。再说，怎么表达痛苦、恐惧、想一块玩耍，或者不在一起时怎么保持联系呢？我无法想象生活在一个沉默的世界里。"

"当我要召唤我的朋友时，就躺下拍打我的肚皮。"一只小甲壳虫说。

"我想说话时，就用一只翅膀摩擦另一只。"一只长角蚱蜢说，一边说还一边演示了一下。

"肃静！"大象鼓鼓发出指令，"你们这些没规矩的家伙。让慧慧继续讲故事。"

当然了，我们动物间的交流方式各种各样。我可以只看看长颈鹿高高的尾巴就知道她现在情绪怎样。当她心情放松时，她的尾巴就垂下来；当她紧张或害怕时，尾巴就卷上去了。

高高大多数时间都很开心，因为她没有太多可以担心的事情。不过，她必须时刻警惕豹子如风和狮子吼吼，特别是在晚上。

故事发生的这个早上，长颈鹿高高看上去眼睛呆滞，身上皮毛干枯，我竟然没有认出我的这位高个子朋友。她好像不想吃树叶、荆棘，也不反刍，平时她嘴里可总是不停地嚼着东西。

　　更糟的是，通常总是帮长颈鹿清理身上寄生虫的伙伴牛椋鸟似乎也根本不理睬她了。

　　"你怎么啦？"我问高高，"你看上去好像病了。我能帮你什么忙？"

　　高高把头伸过来，想吃一两片树叶，但还是放弃了。

　　"你说的没错，慧慧。我有点不舒服。"高高的嗓子有些嘶哑，"我可能很快就发不出声音了。也许是夜间的冷风把我喉咙吹坏了，疼得咽不了东西。"

　　"噢，天哪。"我想，"这太不幸了。谁的喉咙疼都糟糕，而你喉咙还那么长，可能就更难治好了。"

　　在灌木丛里，总有人能偶然听见你说话，消息就不胫而走。长颈鹿生病的消息可能是走开鸟传给了从不闲着的金龟子。金龟子在大象粪堆上滚动的时候，或许又遇见了正在悄悄捕食的蟒蛇，而蟒蛇可能把这个消息传给了豺狗，豺狗又告诉了松鼠嘻嘻。当嘻嘻把这个消息又传给我时，我敢肯定我的这位毛尾巴朋友又把事实搞错了。

　　我抬头对嘻嘻说："你以后要是少说话，多听话就好了。"

　　我搞不明白的是，松鼠为什么总是比其他动物消息灵通。不过的确，松鼠的嗅觉和听力都非常灵敏。

"可怜的高高，"松鼠露出担心的表情，"她嗓子疼极了。如果我们不小心，也会得高高那种病的。慧慧，你可别病呀，月圆的时候我们还得听你讲故事呢！"

森鸠嘟嘟飞来，落在靠近高高和嘻嘻的树枝上。她没说话，但我们能看出她在想事情。

"啊，我知道谁能帮忙！"森鸠突然说，"我去找黑太阳鸟，让她吸一些芦荟花的甜汁来治高高的喉咙。"

听嘟嘟提到黑太阳鸟，我差点从蛛网上掉下来。这种鸟不仅吸食植物的汁液，还爱吃蚂蚁和蜘蛛！他那长长卷曲的嘴巴，一口就能把我们吞下，而且他还喜欢吃我们的蛛网。

但是我还是说："好吧，嘟嘟，去找黑太阳鸟，吸来一些甜汁给我们的朋友治喉咙。"

嘟嘟飞走了，嘻嘻也追赶着去了。

"嘟嘟，别飞太快，"嘻嘻边追边喊，"你需要我帮着太阳鸟取回甜汁的。"

幸亏是冬天，正是红色芦荟花盛开的季节，太阳鸟也很好找。

嘟嘟和嘻嘻离开了树林，他们来到蹄兔满地岩石的家园，那儿长了很多芦荟。蹄兔们正在小山坡上晒太阳呢，他们毛茸茸的身体充分吸收着暖暖的阳光。

"出了什么事吗？"正在瞭望的一只蹄兔问。为了警惕天上黑鹰的袭击，蹄兔们总是轮流站岗放哨。

森鸠嘟嘟说："我们在找黑太阳鸟，请他吸一些芦荟汁来治

疗长颈鹿的嗓子疼。你知道在哪里能找到他吗？"

"他正在山坡下的一个水塘边休息呢。"蹄兔说，"你们真幸运，因为今年的芦荟花汁多叶茂。"

嘟嘟和嘻嘻谢过蹄兔就去找太阳鸟。见到来客，太阳鸟似乎很高兴。

"啊，我肯定能助你们一臂之力。"太阳鸟说，"芦荟花汁多得是，但你们怎么拿走呢？"

松鼠嘻嘻说："我总是在腮上储存一两个坚果，我现在就吃掉一个坚果，空出来的坚果壳就可以装芦荟汁啦。"

"哈，小松鼠总是有备无患呀。"嘟嘟在芦荟花地里一株巨朱蕉上说，"你真运气，能把自己的下一顿饭带在腮上。"

太阳鸟扇动着翅膀忙起来，从一丛芦荟花到另一丛，用他长而弯曲的鸟嘴匆匆忙忙地吸取芦荟汁。

不一会儿，嘻嘻的那个空坚果壳就装满了花汁。

松鼠嘻嘻对太阳鸟说："如果你不忙的话，跟我们一起去吧！"

"不，谢谢啦！"太阳鸟说，"我得待在家里，等我太太回来。代我向慧慧和高高问好，希望高高的嗓子早点好。"

告别了太阳鸟，松鼠嘻嘻用前爪小心捧着坚果壳，跟嘟嘟一起回到长颈鹿高高所在的荆棘树。

"快来看，我们带什么回来了！"

嘟嘟叽叽喳喳叫着，"太阳鸟为你吸了满满一壳的芦荟汁，给你治嗓子。"

高高喝下了每一滴芦荟汁，可是她的嗓子一点儿没见好。

"朋友，谢谢你们啦。"高高有点伤心地小声说，"真抱歉，给你们带来这么多麻烦，但愿有一天我有机会回报你们的好意。"

这时候，疣猪胖胖一家过来，问候高高的嗓子是否好些了。

疣猪说："让我试一下泥疗法。跟我来，我把一些黏糊糊的泥巴敷在你脖子后面，治嗓子疼最有效了。"

高高跟着胖胖一家五口，后面还跟着嘟嘟和嘻嘻，一起往水塘边走去。

"好，长颈鹿夫人，你把脖子往下伸，好像要喝水一样。"胖胖说，"别着急，慢慢来。"

高高把两只前腿分开，长脖子慢慢向下伸，耐心地等着。胖胖把一些黏稠的湿泥巴糊在长颈鹿的脖子上。

但是，当长颈鹿慢慢抬起头，她感觉嗓子的疼痛一点没有减轻。她想试着喝点水，不行，喉咙太疼，她只好忍着干渴，不再喝水。

"呵，我想起蜜獾来了。"森鸠嘟嘟说，"我们别忘了他，我想蜂蜜一定对嗓子有效。"

"他好厉害哟，"嘻嘻说，"大家都有点怕他。我可不太敢去求他帮忙。"

"我去吧，"高高小声说，"只要能治好我的嗓子。"她对嘟嘟点点头，"你带路，我们跟着你。"

我赶紧弄断了网线，跟着高高、嘟嘟和嘻嘻，来到一片扁平

又发亮的岩石前。

"你们在这儿等着，我去看看他是不是在家。"嘟嘟说完，就用他的鸟喙敲打着岩石。

嗒，嗒，嗒，没有回音。嘟嘟说："我再试试，他可能没听见。"

嘟嘟又敲打了七下，然后飞到旁边一棵树上等着。

"谁找我？"一个不耐烦的声音响起，"我吃午饭的时候，不喜欢被人打扰！"

我从来没见过蜜獾，完全不知道这是一种什么样的动物。

当两个石头缝里钻出一只爪子坚硬、尾巴毛茸茸的短小家伙时，我吃了一惊。他的上半身是白色带灰条，身上其他部分，包括腿脚都是黑色。

"噢，蜜獾先生，"高高轻声说，"能不能给我一点你的蜂蜜？这是我最后的希望了。"

"我什么也听不见，"蜜獾大声说，"你的嗓子怎么啦？大声点儿说话，要不我就回窝了。"

这真是个可怕的时刻，嘟嘟、嘻嘻和我都不敢到蜜獾的窝里跟他说话。

"我再试试。"高高弯下她长长的脖子，低下头，眼睛挨近了蜜獾的眼睛。

"蜜獾先生，请帮帮我。"高高祈求说，"我嗓子疼。我知道你的蜂蜜能治，我只需要一点点。"

"谁不喜欢蜂蜜？"蜜獾说，"你真运气，我的仓库里正好有很大一块蜂蜜。但是你必须给我什么回报，我不能白帮助你。"

"只有一件事我能帮上你的忙，"高高小声说，"我可以让你坐在我头上游览一圈，我很高，你坐在上面可以看到以前从来没看过那么远的地方，就好像你坐在一棵能走的大树上一样。"

"这主意不错，"蜜獾说，"我们什么时候可以开始？"

"你一给我蜂蜜就可以开始，"高高说，"我的嗓子不疼了，就带你游玩。"

蜜獾说："正好昨天蜂鸟带我去了一个很大的蜂巢，我不介意分给你一些。"

不一会儿工夫，蜜獾就拿来一块蜂蜜，递给了高高。我们都羡慕地看着，谁不想尝一点点蜂蜜呢？

"呵，真好吃！"高高的长舌头不停地舔着蜂蜜块，又在嘴里嚼着，"蜂蜜又滑溜又凉爽，我从来没有吃过这么美妙的东西。我觉得喉咙已经好多了。"她好像自言自语，"真的，好多了！疼痛好像渐渐消失了。嗨，亲爱的蜜獾先生，我们出发吧！"

高高低下头，让蜜獾坐上去，抓住她的角。森鸠嘟嘟飞起来，她还从来没见过这种可笑的情景。其实我也没见过。松鼠、狮子、疣猪，我们这些灌木丛里的伙伴都没见过。

蜜獾坐在长颈鹿的头上游览，所有的灌木丛伙伴都很惊讶和羡慕。

"我也想上去看看。"小河马祈求妈妈。

"闭嘴，小家伙，"河马妈妈说，"你太重了，长颈鹿的脖

子撑不住。当然，要是能上到那么高的地方看看真不错。"

"我有点儿晕了，"当高高小跑起来时，蜜獾抱怨说，"让我下来吧。"

"你还没看见什么呢。"高高说，"我想带你去看壮观的大瀑布和鳄鱼栖息的那棵巨大的西克莫无花果树，还有山猫居住的兽穴、黑鹰的鸟巢……有很多东西你还从来没见过呢。"

"这样的游玩对我这个年纪不适合啦。"蜜獾说，"我还是待在地面上更好，那是我的家。当我看到其他蜜獾时，已经有好多新鲜见闻可以告诉他们啦，但他们可能不会相信我的话。"

高高慢慢低下头，让老蜜獾下来。蜜獾一着地，就飞快地跑回家了。

"嗨，高高，"我说，"你赶快回去吃早饭吧，已经耽误很久了。不过，这一两天你应该小心一点儿。记住，你生过病，而且在树上你可找不到蜂蜜呦。"

松鼠嘻嘻说："要是蜂蜜长在树上就好了，那样，我吃水果和坚果时，就能伴着蜂蜜一块儿吃啦。"

"再见啦！"森鸠嘟嘟与大家告别，"真是有意思的一天，是不是？嘟嘟，嘟嘟嘟……"

honey bees in comb

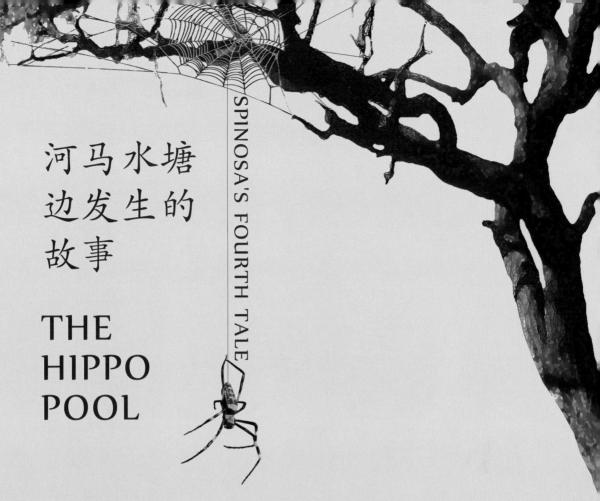

河马水塘边发生的故事

SPINOSA'S FOURTH TALE

THE
HIPPO
POOL

　　圆圆的月儿升起来了，映照着我的蛛网。长颈鹿高高这个自然界最高的动物抬起头跟我聊天。

　　"听说你的朋友青蛙先生已经不住在河马水塘里了。你能告诉我们青蛙发生了什么事？"高高问我。

　　"是呀，想想青蛙永远离开了真是件奇怪的事。"我回答说，"多少个夜晚，我们曾经在一起聊各自的探险经历，交流自然界的事情。"

　　"可你第一次是怎么遇见青蛙的呢？"森鸠嘟嘟站在斑马的背上问我，"很奇怪，蜘蛛和青蛙会成为朋友。"

　　"你说得没错。我从头说吧，那还是我刚刚当上灌木丛记者

的时候。"

这时候，丛林里的动物们都围了过来。今晚是第一次，我开始讲我自己的故事，以前从来没讲过的。

"我以前是一个孤独的蜘蛛。"我开始叙述。

我没有什么经历，对周围的世界都不太了解。

但是不久我就发现了河马栖息的水塘是大家生活的中心。日日夜夜，不管大动物还是小动物都到那里去，来来往往，因为所有的动物都需要水来维持生存。

夕阳西下之前，水牛和狒狒会去那里饮水。它们走了，就来了疣猪一家，接着是有点害羞的羚羊。然后，大象出现了，当它们喝水的时候，它们的哨兵还在森林边守望。

当夜幕降临，犀牛和山猫便来到水塘边痛饮一番。等它们走了以后，水塘边又出现了豺狗和豹子。

夜间，水塘里还会响起无数昆虫和青蛙的大合唱，它们不停地唱，一直到第二天黎明。

有一天晚上，我忽然听到有叫我名字的声音。虽然我看不清是谁在叫，只能隐约看见那是一个青绿色的家伙，两只鼓出的大眼睛正看着我。

"蜘蛛慧慧，我想自我介绍一下。我是青蛙拉那。虽然我以昆虫和小动物为食，但我想让你知道，我不会危害你，就是你走到我嘴边我也不会吃掉你。"

"拉那先生，很高兴认识你。"我回答说，"可你是怎么知道我的名字的？"

"呵，大家都知道你，慧慧，因为你会讲故事。不过我想，虽然你挺有名气，但有时候可能也很孤独，需要伙伴。"青蛙说。

这就是我和青蛙拉那交往的开始，也是我自我发现的开始。青蛙竟然知道很多自然界的知识，让我很惊讶。也许是其他地方来的青蛙和蟾蜍告诉他的。我问的问题，他都能简单明了地回答，连我这个蜘蛛都能明白。

有一天晚上，我问他那种常跟长颈鹿和黑斑羚在一起的尖嘴鸟的事。

我说："你能给我解释一下这种鸟的奇特习惯吗？它们好几个小时在长颈鹿和羚羊的皮毛上啄来啄去，梳理个没完，它们在干什么？"

"这种鸟叫牛椋鸟，它们的行为可能很难理解，它们不喜欢跟同类待着。"青蛙说，"但慧慧，你知道吗，它们需要长颈鹿、黑斑羚还有其他动物为它们提供食物。它们吃扁虱，而这些皮毛动物也喜欢被牛椋鸟清洁一番。"

"除了清洁之外，一旦出现危险，牛椋鸟会警告这些动物。在哺乳季节，牛椋鸟还从这些皮毛动物身上啄取毛发回家筑窝。"

正是从青蛙那里，我得知了大象的耳朵可以为身体调节温度，或凉或暖。也是青蛙告诉我，飞鸟如何借助气流在空中飞翔。他为我解开了很多自然界的谜底。

如果青蛙寿命长的话，我肯定会成为比现在更聪明的蜘蛛。

"到底发生了什么事？"猫头鹰乎乎问，"快告诉我们呀。"

有一天晚上，我正准备去找青蛙拉那聊天，突然发现他不在那里。

我想，或许他嗓子哑了，或许他正睡觉呢，可能他这几天很累。

我等呀等呀，不一会儿其他的青蛙和蟾蜍都互相招呼着出现了，可就是没有青蛙拉那的身影。金钱豹如风躺在我头顶的一枝树权上，他提出帮忙去找找我的青蛙朋友。

我回答说："如果你能发现他在哪里，就太谢谢你了。"

"不客气，"如风说，"但你说，我应该从哪开始找呢？"

我建议说，或许他应该等到早上，先去问问水里的乌龟。乌龟常常在水牛低头饮水时吃它们身上的扁虱。这只乌龟特别聪明，他肯定知道青蛙拉那的消息。

天刚破晓，豹子如风就从树上跳下，四周查看和闻了一阵，便走到水塘边与乌龟打招呼。

"打扰一下，乌龟先生。你能否告诉我那个叫拉那的青蛙到哪里去了？我猜想你肯定认识他吧？他在这里住了很久。"

"是的，没错。但他已经离开了。"乌龟回答说，"你为什么找他呢？"

"我是豹子如风，是替住在那棵伞状大树上的蜘蛛慧慧来找拉那的。如果你站在那块木头上，就能看见她的蛛网。"

"站在那块木头上！如风先生，你疯了？"乌龟说，"能看出来你不是这个水塘里的居民，要不你绝不会把鳄鱼刷刷称为一块木头！"

"嚯，嚯，"豹子叫起来，"呵，我看见他了！这就是为什么当羚羊来饮水的时候成了鳄鱼的美食。他看上去真像一块老木头。"

"这个水塘犹如一个猎场。没什么可说的，自然界就是这样。我们过得好好的，不知什么时候死期就到了，该走就走吧。"

"是呀。我希望你能帮我找到青蛙拉那。"如风说，"慧慧很担心他，从昨天起就没有听到拉那的消息了。"

"唉，给朋友带来坏消息真不是件愉快的事。"乌龟说，"听好了，一定要把我对你说的原话告诉蜘蛛慧慧。

"或许慧慧忘记了一个事实，就是她幸存下来，完全是因为她在月圆时会讲故事，否则，蝎子、太阳鸟或百舌鸟很久以前就把她吞吃了。"

"你是说，青蛙拉那已经被吃掉了？"如风面露担忧地说，"所有动物都知道拉那和慧慧是好朋友呵。"

"那也没用。"乌龟接着说，"当你胃里空空的时候，一心想的就是猎食！"

"那我要赶快回去告诉慧慧。"如风说，"还是在下一个黑夜来临之前让她知道这个消息吧。"

"等等，豹子先生，"乌龟叫住如风，"让我来讲给你这个河马水塘的故事。这样你的蜘蛛朋友会比较容易理解发生的事情。"

如风躺下来，把爪子交叉放着，准备听故事。他的耳朵竖起来，他要保证每句话都能听清。

"自然法则似乎令人不解，但你仔细想想，每个事物似乎都安排得有条有理。例如，河马的粪便排到水里，就成为一种浮游生物的食物，而这些浮游生物又成为鱼的吃食。

　　"鳄鱼虽然是一种可怕的动物，但在水塘里也扮演着重要角色。它们大量吃一种触须鱼类，也吃一些哺乳动物。如果没有鳄鱼吃那些触须鱼，你知道会发生什么情况吗？"

　　如风摇摇头，舔舔爪子，示意乌龟继续往下讲。

　　"嗯，如果没有鳄鱼吃那些触须鱼，触须鱼就会吃掉水里所有的小鱼，这样的话，那些以鱼为生的鸟类，像翠鸟、鱼鹰，还有鸬鹚等，就没有吃的了。我知道，豹先生，你也喜欢吃鱼。"

　　"是呀，我喜欢，但捕鱼很困难。"如风说。

　　"对那些长着长长鸟嘴的鸟儿们来说可不困难。你看那个鞍嘴鹳、苍鹭，还有锤头鹳。"

　　"我知道那个鸟。"如风说，"他就是在无花果树上盖了一个巨大又乱七八糟的鸟巢的那个家伙。"

　　"是的，就是那家伙。对你的朋友慧慧来说，不幸的是这种鸟很喜欢吃青蛙，就是他把拉那吞下去了。"

　　"乌龟先生，你当时在场？你亲眼看见了？"如风问。

　　乌龟说："是呀，我在场。我当时还想阻止这件事的发生，可是太晚了。我只看见锤头鹳嘴边有两只青蛙脚，悲剧已经发生了。"

　　当锤头鹳飞到水塘边，他看到所有动物都用奇怪的眼光看着

自己。他就开始在浅水塘里捉鱼，一下，两下，用鸟爪扒拉开挡住他的东西。

"嘿，你们都怎么啦？"锤头鹳吹了一声口哨。

"锤头鹳，你这个傻瓜。"苍鹭说，"我们永远不会原谅你，你把蜘蛛慧慧的朋友拉那先生给吃了。你真是干了件蠢事。"

"现在说太晚了。"锤头鹳说，"但是我会向蜘蛛表示道歉。如果拉那先生向我介绍一下自己，这事就不会发生了。"

旁边一只青蛙抱怨说："你根本不会给我们机会，你动作太快了。"说完他赶快钻进水里，担心锤头鹳可能把自己也吞下去。

"所以，你看，如风先生，"乌龟说，"没办法，吃和被吃，这就是自然法则。请你向慧慧带去我们的同情，希望她不会伤心太久。"

如风回来了，告诉我乌龟给他讲的故事，一句一句，确保我完全听明白了。

"这是自然法则呀，"豹子如风念念叨叨地说，"别哭，千万别哭。有一天会出现一个新的拉那先生来代替你故去的朋友。"

唉，问题是没人能取代拉那先生，至少现在我还没发现。噢，我多么希望还能在夜间听到拉那先生那悦耳的蛙鸣声。

勤劳奇妙的小蜜蜂
BUZZ BEE,
THE AMAZING
HONEYBEE

一个美妙的夏日晚上，动物们像平时一样围坐在我居住的伞状大树下。他们有的来自很远的地方呢，因为我传出话，今晚邀请了一位嘉宾来讲故事。

动物多得都没地方坐了，大象鼓鼓很友好地让鳄鱼跟河马躺在他的身下。

"今天晚上，"我开始说，"我将给你们介绍一位嘉宾——蜜蜂，她是我们灌木丛里非常重要的居民之一。"

自从长颈鹿高高的嗓子疼被蜂蜜治好后，蜜蜂们受到丛林居民新的尊重，所有的动物都开始寻找蜂蜜。

锤头鹳想用蜂蜜治疗自己破损的翅膀。狮子吼吼发现他的爪子被豪猪刺扎破后，涂上蜂蜜就感觉好多了。疣猪胖胖家的小猪

被眼镜蛇的毒汁喷了后，如果不是用蜂蜜治疗，恐怕就瞎了。甚至大象鼓鼓也用蜂蜜来减轻他的牙疼。

这时候，蜜蜂坐在我上头，骄傲地扇着蜂翼。然后她转了一圈落在我身边，不过小心地避免踩上我那发粘的蛛网。

"我们请你来，"我接着说，"是因为很多动物都想多了解一些你们这些蜂蜜的制造者。感谢你可以在这个月圆的晚上抽暇来到这里。"

所有的动物都注视着这个小蜜蜂。她多漂亮呵！她的眼睛和翅膀在月光下闪闪发光。

蜜蜂开始讲话："我想这样开始，我们是地球上最聪明、最繁忙和最有用的动物了。我们是动物和植物之间的媒介。我们采花蜜制作蜂巢，把花粉从一朵花运到另一朵花。"

"嘻嘻，"鬣狗哈哈窃笑起来，她根本不相信这么小的家伙自认为这么有能耐。

看来松鼠嘻嘻也觉得滑稽，开始甩尾巴。

猴子莫林坐在犀牛的角上笑得翻了几个跟头，气得犀牛把他甩到地上。

"安静！"还是大象鼓鼓出来主持会场秩序，"继续听蜜蜂讲故事。"

"我不明白你们为什么会觉得滑稽，"蜜蜂有点不高兴地说，"可能你们都不知道，你们都喜欢吃的蜂蜜永远也不会放坏。松鼠的坚果如果放的时间长了就会腐坏，树上的果子时间长了也会烂掉。但蜂蜜不会，储存多长时间都完好无损。"

"真的，真的！"指蜜鸟叫着说，引起了大家的注意。

"你是谁？"鳄鱼刷刷甩出一句话，"小鸟懂得什么蜂蜜的知识。"

"我是指蜜鸟。"小鸟回答说，"我懂好多蜂蜜的知识呢。我吃蜂蜡，不过需要借助蜜獾的帮助才行。"

"你这个没脑子的东西，"从来没吃过蜂蜜的鳄鱼说，"没听说过鸟和獾在一起猎食。"

"哦，"蜜獾从长颈鹿身下发出声音，"谁敢质疑指蜜鸟的话？"

鳄鱼刷刷用他的小短腿站起来，看看是谁在挑战他。

"小心，小心！"树枝上站着的森鸠嘟嘟扬起白羽翼叫起来。而蜜獾则露出牙，用爪子指向鳄鱼。"别看蜜獾小，可他最胆大，连你鳄鱼都不怕！"

"哎呀，接着听故事吧，"斑马不耐烦地说，"大象鼓鼓，让蜜獾、指蜜鸟和鳄鱼，都守规矩点儿。"

但是，好像不需要大象说什么，气愤的蜜獾回到长颈鹿身下，鳄鱼也悻悻回到大象身下，指蜜鸟收起了他的棕色羽毛，显示这场争执已经结束了。

"请继续讲，"我对蜜蜂说，"我不知道我的这些朋友们今天晚上为什么这么吵闹。一定是你的首次到来让他们感到兴奋！"

"我们蜜蜂常常使其他动物感到紧张，"嘉宾蜜蜂说，"可

能是因为他们都觉得我们很危险。的确，被蜜蜂蛰一下真是很糟糕的事。"

"你们怎么做到一大群蜜蜂住在一起的？"猫头鹰乎乎问，"我只能跟自己的家庭住在一起。"

"我们不能自己住，甚至一对蜜蜂也不行。"蜜蜂回答说，"每当我回到有五万只蜜蜂住在一起的无花果树家园时，都会很高兴。我们大多数都是雌性蜜蜂，有一个蜜蜂女王管着我们。

"我们的女王总是忙着产卵，有时一天能产下1500粒。听上去数量很多，但这是很必要的。因为每天都有很多工蜂死去，一定要有接班的呀。

"离我们居住的无花果树不远，有许多荆棘树，它们为我们提供可采的花汁。再往远一点的小山坡，就是蜜獾住的地方，有大片的芦荟花，在冬天为我们提供食物。"

蜜蜂接着说："跟你们大家一样，我们一定要住在能为自己提供食物的地方。当然啦，我们跟其他动物分享这些食物，像昆虫啦，蝴蝶啦，还有马蜂和蛾子。我们凭借嗅觉和视觉找到花汁饱满的花朵。我们还必须注意太阳和阳光的角度，这样才不会迷失方向。"

"但是你们是怎么知道光线、颜色和气味的？"甲壳虫问道，"是你们的女王教的吗？"

"不，不是的。"蜜蜂说，"这种知识和本能是我们一代一代自然传下来的。让我从我们出生开始讲。我们在蜂卵里只待三

天就出来了。在六天时间里，我们受到'保姆蜜蜂'的照顾，幼蜂慢慢长起来。到十二天，我们就长出了翅膀和口器。"蜜蜂说着，用她的前脚指指她的嘴巴部分。

"触角让我们有触觉和嗅觉。翅膀让我们可以到处飞。我们有像吸管一样的口器，可以吸取花蜜和水。我们的小爪子让我们得以抓住采蜜的花朵。

"蜜蜂们互相依赖，不管多么艰难的工作，我们都要完成。因为我们的生存就依靠我们的效率。"

"这样的社交真不错。"河马说，"我们河马也很合群，但我们可以向你们学习合作干活。"

"是呀，我们永远不会停止工作。"蜜蜂说，"当我们完成了为刚孵出的幼蜂当保姆的工作后，接着伺候女王和雄蜂，最后成为建巢的工蜂。十二天大的时候，我们体内的腺体开始分泌蜡，以此营建蜂巢，老巢坏了，建新巢，还有没完没了的修护工作。每天都要清理蜂巢中死去的蜜蜂尸体。热天，我们要保持蜂巢凉爽，数千工蜂在蜂巢每边的入口处扇动翅膀，让空气进进出出，流通起来。像蜂巢这样密集居住的环境，保持合适温度很重要，不能太热，也不能太冷。

"其他蜜蜂还要保卫蜂巢，驱赶鸟类、蜻蜓、马蜂和蛾子等入侵者。当然了，还有蜜獾，他经常骚扰我们。可是他的皮太厚了，我们的蜂刺蜇不透。"

"你们为什么会变得那么愤怒呢？"一只小疣猪问，那天他

赶紧钻进泥塘，才侥幸躲过一群蜜蜂的攻击。

"我们只是在感到受威胁的时候才变得愤怒。但我们使用蜂刺蜇了来袭者之后，自己也会很快死去。"

"你们蜇人很疼噢。"长颈鹿高高说，"用小溪里的凉水冲洗都去不掉那种烧灼感。"

"是呀，"蜜蜂同意地说，"我们的蜂刺上长着一些钩状刺，在蜂刺的顶端有一小袋毒汁，你被蜇的时候，毒汁就进去了。"

"好像很奇怪，"大象自言自语地说，"每天我都得花大部分时间找食物，你们这些小蜜蜂工作这么忙，又要飞很远，却好像从来不停下来吃东西。"

"你知道吗，大象，"蜜蜂尊敬地说，"蜂蜜是一种能量很大的食物。我们工蜂出门时只从蜂巢里取一点点蜂蜜为食，只够往返蜂巢旅途需要的。如果途中风向突然转变，我们带的食物不够用了，我们就不行了。除非幸运地在中途发现花汁可以充饥。如果没有的话，我们就衰弱而死亡。"

　　"你们蜜蜂像我们一样互相聊天吗？"多嘴的松鼠嘻嘻问。

　　"当然啦，我们也交流。"蜜蜂笑着对坐在鳄鱼头上的嘻嘻说，"我们发出声音，也通过身体动作互相交流。举例说吧，如果我们其中一只蜜蜂发现了花蜜源，会怎么办呢？我们就飞回蜂巢，告诉所有的蜜蜂我们发现了什么，吐出一点点发现的花蜜，用这样的方法让他们都知道。我们要确定所有的蜜蜂都明白我们带回的信息，我们飞舞起来，用这样的方法传达消息。

　　"随着我们的飞舞，越来越多的蜜蜂加入到我们的行列。然后大家就一起飞到采花蜜的地方。最先到达花源的蜜蜂立刻能知道这就是采蜜地点。你们知道为什么吗？"

　　这回，没人回答问题，连鳄鱼都没说话。大家都感到新奇。

　　"这是因为，每个蜜蜂都有一个气味囊。我们会在特定的地方留下自己的气味当路标。所以当蜜蜂闻到带有标记气味的花朵时，它们就知道，这就是要采蜜的地方。我们还有一个装花粉的袋子，用来采集花粉回巢喂养幼蜂。"

　　"你们蜜蜂真是有效率！你们肯定是灌木丛里最繁忙、最聪明的昆虫。"大象感叹地说，"下次等我听到你在我耳边嗡嗡叫

的时候，我会想起你今天讲的话。"

"我恐怕不会嗡嗡叫太长时间了，"蜜蜂说，"如果你仔细看看就会发现，我的蜂翼已经破旧了。我已经几乎不停顿地工作了十个星期，我的寿命也就是这么长了。我们蜜蜂的寿命跟自己翅膀存在的时间一样长。当翅膀不再能支持我们的身体，我们就只能告别这个世界了。"

"呵，我们大象的寿命取决于我们的牙齿是否还能嚼动。"大象鼓鼓说，"当牙齿磨坏了，我们也就永远离开灌木丛了。不过没关系，我们知道，即使我们不在了，蜘蛛慧慧还是会继续讲关于我们的故事的。"

我最后说："是呀，小蜜蜂，修建蜂巢，采集花蜜，保护家园。你们的故事一定会织进我的蛛网，永远不会被忘掉。从今晚开始，所有灌木丛的动物朋友们都知道了蜜蜂是多么勤劳而奇妙的昆虫！"

疣猪胖胖丢了尾巴
WALLY WARTHOG
PARTS
with his
TAIL

一个炎热的夜晚。

非洲灌木丛林里的动物们都有些躁动不安。大象妈妈用无花果树叶为小象们扇凉，其他的动物也围在旁边想借点凉风。

"讲个故事吧，慧慧，"狮子吼吼说，"听故事就忘了炎热了。但愿下雨吧！"

我用羽毛擦了把脸，又喝了一口坚果壳里的水。

"哪来那么多事儿，"鳄鱼刷刷甩出一句，"我喜欢又热又干燥的天气。一下雨，到处都是水，动物们就不到我这边的水塘来了。"

"伙伴们，别着急，"我说，"我今天早上听到雨水鸟的叫声，或许我们不用等很久了。"

在我栖息的树枝下，站着疣猪胖胖，他斜靠在大象的前腿边。我往下看着他，胖胖看上去像其他疣猪一样开心满足的样子，但是，少了点什么。仔细看看，你会发现他的尾巴有点毛病。

我开始讲故事："今天晚上，我要讲关于疣猪胖胖的故事。大家都知道胖胖的忠诚和勇敢。你们注意到了吗，他的尾巴有点短。"

"嗯，你这么一说嘛，"犀牛皮皮说，"我也是觉得胖胖的尾巴有点什么毛病。但我又想，可能所有的疣猪看上去都是这样。"

"啊，你是近视眼，"松鼠嘻嘻叫道，"你可能连头尾都分不太清吧。我可真不知道你们黑犀牛是怎么幸存下来的！"

"别管犀牛或者是任何别的家伙是怎么幸存下来的，"大象说，"我们想知道疣猪胖胖怎么把自己的尾巴搞丢了。嘻嘻，安静点，还有你，皮皮，让慧慧好好讲故事。"

"故事发生在狮子们要去猎食的那天。"我继续讲故事，"一共有三只母狮，六只小狮子。而狮子王吼吼决定走在后面，因为它可以随心所欲。不管他是醒着还是睡着，都会受到其他动物的尊敬和畏惧。他会理所当然地吃掉母狮们捕猎来的最好的那部分肉食，没人敢挑战他。"

"我可不能忍受。"鬣狗哈哈打断了我的故事，"我们鬣狗总是一起捕猎，除了小鬣狗之外。我们家族里所有成员都服从我，因为我是家里最厉害的母鬣狗。谁都不敢违抗我的指令。"

"所有动物都根据生存需要，有一套自己的生活方式。"狮

子吼吼说，"作为一家之主，除了捕猎我还有很多事要做。我必须保护我的领域，防止其他公狮子取代我的地位。每天晚上，我都要大声吼叫，让丛林所有的动物都听见：'谁是兽中之王？是我，是我，是我！'"

我接着讲我的故事："这天早上太阳刚刚升起，领头的母狮子招呼了其他母狮和小狮子就出发了。"

他们首先看到了一家鸵鸟，老老小小都有。大鸵鸟有 8 英尺高，看上去很厉害，保护着他的家庭。

因为个子高，所以鸵鸟很容易发现入侵者。虽然他们不会飞，但跑得非常快，时速能达到 45 英里，几乎能躲过任何追捕他们的天敌。

母鸵鸟羽毛的颜色是浅棕和白色相间，她把蛋下在了一片土地上的浅窝里。小鸵鸟常常成为豺狗、老鹰和其他野兽的猎物，尽管他们一出蛋壳，就跑得很快。

狮子们渐渐向鸵鸟群靠近。鸵鸟们正在吃早餐，包括水果、种子，还有植物。他们所在的环境一无遮拦，好像很容易被捕捉

到，但很快就有不测发生。

领头的母狮通过她的脑袋、耳朵、身体和尾巴向其他家庭成员发出捕猎计划。所有的狮子立即各就各位，有的藏在鸟巢后面，其他占据首领的两侧，按母狮指令一动不动，静等攻击令。如果不是他们的耳朵或尾巴偶尔动动，根本就看不见这群狮子。

突然，一只灰色的走开鸟开始大叫，完全打乱了狮子的进攻计划。

"快，快，快走开！草地里有死神等着呢！"

随着走开鸟的叫声，灌木丛里所有的动物都赶紧躲了起来，除了鸵鸟爸爸。他好像没有意识到危险。

你看他，翅膀下垂，好像受伤的样子，朝母狮子走去。

卧在草地里随时准备进攻的母狮子眼睛大睁，看着走过来的这只大无畏的鸵鸟呆住了，什么情况？他要送死吗？

"真可笑，"正当母狮要向鸵鸟发起攻击时，身后传来一个声音，"你难道不知道这个鸵鸟只是假装受伤，他的目的是把你骗到其他地方，保护他的孩子。你绝对追不上他，他还会用尖利的爪子厮打你。"

"行了，你这个厚脸皮的万事通，"母狮从喉咙底发出声音，"该教训一下你了，你的肉虽然没鸵鸟的好吃，但我从来不拒绝吃一块疣猪肉排。"

鸵鸟还没回过神儿，只见愤怒的母狮突然转身向一头疣猪冲去。这下疣猪肯定为自己刚才的多嘴多舌感到无比后悔。

"噢，天哪，"一只小狮子哼哼着说，"今天吃食可不够多。一只疣猪只够吼吼自己吃，我们都没份儿！"

如果不是鬣狗哈哈的地洞横在疣猪逃跑的路上，今天疣猪胖胖就不会在这里听故事了。

没等狮子看清，疣猪就一头钻进鬣狗的地洞。疣猪不习惯长距离猛跑，狮子也是一样，追捕猎物时坚持不了多长时间。

"这头蠢猪，"

母狮扫兴地往回走，"吼吼今天肯定对我不满意。"

但是这个事件里结果最糟糕的还是胖胖。当他匆忙逃跑时，屁股碰上了鬣狗哈哈。哈哈正在跟她的孩子玩耍，她的大嘴一口咬在疣猪尾巴上。

"呜呜，噫噫！"疣猪叫着，"千万别咬，是我呀！"

但是太晚了，哈哈的牙齿已经咬掉了胖胖一多半的尾巴。任何一个有自尊的疣猪都会为没了尾巴而感到丢脸。

鬣狗哈哈感到内疚极了，因为她跟胖胖很熟。不过我相信大家都不会怪哈哈——她怎么知道是谁一头钻进她的地洞了呢？

"天哪，我怎么再面对我的家庭？"胖胖在回家的路上嘟哝着，"一个没了尾巴的疣猪，还有什么用。"

"你不能再长出来一条尾巴吗？我就能。"在岩石上趴着的蜥蜴叫着说，"当我被天敌追捕时，为了逃命，我就让它们咬掉我的尾巴，因为我还可以再长出一条来。"

"噢，但愿我是蜥蜴。"胖胖羡慕地说，"我们疣猪跟大象、长颈鹿一样，一生只

有一条尾巴。"

当疣猪太太看到丈夫胖胖回来时，忙着安慰他，"亲爱的，你个头这么大，我们都会在草丛里发现你的。我会紧紧盯着你，孩子们呢，会看着我那上翘的尾巴。这样我们一家不会失散的。"

听了太太一席话，胖胖感觉好多了。他只是丢了尾巴而已，在灌木丛所有的疣猪里，还是他有着最坚硬的鬃毛、最大的疣和最长的獠牙。

"哦，"大象说，"我一直奇怪，为什么胖胖的尾巴这么短，就像斑马条条的老爸，他的尾巴被鳄鱼给咬掉了。"

"呼呼！"猫头鹰叫着，"我们都喜欢疣猪胖胖，虽然他只有一条短尾巴。"

"是呀，当我们害怕的时候，是胖胖领着我们到水边喝水。"长颈鹿说，"他总是知道水边什么时候安全。"

围在树边听故事的动物们都很兴奋，没注意到开始下雨了。

"该回家啦，一场大雨要来了。"大象鼓鼓大声说，"赶快走吧，回到你们的巢窝、地洞、兽穴，或岩洞里，要不就晚了。"

转眼间，我的听众们都消失了，地上只留下他们的脚印，还有一个吃了一半儿的坚果，嗯，那是松鼠嘻嘻留下的。

斑马条条的斑纹哪儿去了

ZILLAH ZEBRA LOSES *her* STRIPES

"又到讲故事的时间啦！"小斑马高兴地说，"嗯，今天晚上会是个什么故事呢？"

"如果你闭上嘴，我们很快就能知道了。"猫头鹰乎乎说，"你看，蜘蛛慧慧已经准备好了。"

每当月亮圆圆的时候，动物们就围到我住的大树下，迫不及待要听我的新故事。

"我们能从各自不同的探险经历中学到很多东西。"我这样开始了今晚的故事。"没有任何一个动物一辈子都没有遇到过这样那样的麻烦。如果我们在开始行动之前，能听听别人的建议和多动一下脑子，就好了。"

"你可真聪明。"大象闷声说道，老河马也在一旁表示同意。

我谢过他们的称赞，就接着开始讲我的故事。

"你们一定见过斑马条条的父亲，那只英俊的公斑马，和条条的妈妈、姨妈，还有三个兄弟。这段时间，小条条身上的颜色正在由棕色变成黑色。"

正在听故事的条条叫起来："我记得那段时间，我向所有的朋友炫耀我的新皮毛。"

那是在第一场冬雨下过之后，所有的动物都显得格外活跃。

"不要到河边的深草地里跑，"斑马妈妈发出警告，"你不知道谁躲在那里等着呢！"

但是兴高采烈的条条根本听不进妈妈的话。草地柔软，空气新鲜，她一路小跑到了水边，动物们都到那里饮水。

"你一个人在那儿干什么？"疣猪胖胖看见她说，"小家伙自己在这儿不安全。"

森鸠嘟嘟也叫起来："快回家去吧，小东西，你的家人要担心你啦！"

可条条大笑起来，甩甩她的短尾巴。她看着自己一身新的黑白条条的毛皮，觉得自己已经长大了。

条条兴奋地看着其他的动物陆续来到水边饮水。先是长颈鹿，她在饮水之前谨慎地东张西望，然后分开两条前腿，低下长脖子，快快饮水，以免遇到危险。

条条问松鼠嘻嘻："为什么我可以这么容易就喝到水，长颈鹿喝水就那么困难呢？是不是她的腿太长了？"

"哦，不是，"嘻嘻说，"长颈鹿必须有这么长的脖子，这样她才能够着树顶上的叶子，那是他们的食物。你能想象长颈鹿有这么长的脖子，却有很短的腿吗？"

条条又看到一群小角马吵吵闹闹地来到水边饮水，不停地摇头摆尾，跑来跑去，扬起一片尘土。

接着大象来了，小角马们安静下来。随后，又来了一群水牛和羚羊。

离水塘不远的地方，鸵鸟一家老小正在找种子吃。鸵鸟爸爸妈妈小心地看护着他们那些刚刚孵出来，羽毛尚未长好的小鸵鸟。

"你们自称为鸟，可是又不会飞。"条条冲着鸵鸟说，"你们从来没有试过向天上飞吗？"

"不，小斑马，"鸵鸟说，"我的身体太沉了，我的羽毛也不适合飞翔。"

但是我能长距离快跑，我长长的爪尖很厉害，一击致命。嗯，总的来说，我对自己长成这样很满意。"

"好呀，"条条心里想，"大家都开心就好。不过今天没人比得上我，我这一身新斑纹真棒！"

条条一边想，一边跑着跳进疣猪正在打滚的泥塘。她在泥塘里痛快地滚来滚去，"好开心的泥塘呀，咕唧咕唧的，真爽快！"然后，条条喝了点水，又跟猴子们吃了点儿无花果，就回家了。

"条条，条条，"走开鸟扇着翅膀叫着，"你不觉得自己丢了什么东西吗？"

但是条条根本不在意小鸟的警告，她急着回家告诉家人她的探险经历。

当她回到家，看到大家都在上下打量着她，后来一个小表弟笑了起来。

"这是怎么回事？"条条感到奇怪，"我去问问妈妈。"

"哎呀，我的小马驹，你身上的斑纹哪儿去了？"斑马妈妈奇怪地说，"你全身都是白色，根本就不像斑马啦！"

"赶快回去，把你的斑纹找回来！"斑马爸爸命令条条，"我家里不能留下没有斑纹的家伙。"

"我必须得有斑纹吗？"条条问，"我为什么不能就这样白着呢？"

斑马妈妈解释说："我们的斑纹使我们跟周围的环境融合在一起，这就叫迷彩伪装。你没看到长颈鹿那一身方块斑纹吗？还

有鳄鱼为什么看上去像一块木头，河马像一块岩石？我们斑马身上的斑纹让我们能隐藏于草原中。"

没办法了，条条只好回到河边一带去寻找她不见了的斑纹。当她到了那儿，除了鳄鱼，她认识的大多数动物都回家了。

"鳄鱼先生，"条条紧张地说，斑马通常是很害怕鳄鱼的，"不知道您是否能帮我一个忙？"

"那可不一定，"鳄鱼咬了咬牙，"你想干什么？"

"今天早晨我在这里的泥塘打滚时，身上的斑纹丢在泥里了。您看见有谁拿走了吗？"

"这我可帮不了你。"鳄鱼说，"你的斑纹肯定不在你打滚的泥塘里，反正现在不在这儿。"

条条只好离开了泥塘，到处找，食蚁兽窝，还有蚂蚁堆里，每块石头下面都看看。她在无花果树下转了好几圈儿，直到脑袋都转晕了，还是什么也没找到。

"天哪，怎么办？"条条哭了起来，"我为什么不听爸爸妈妈的话？现在他们再也不要我了，因为我不像斑马了。我可能要一辈子孤独地生活了。"

猴子莫林在硬果漆木树顶上听到了条条的哭声，爬下树来。

"你怎么啦？"猴子问，"需要帮助吗？"

条条对猴子莫林讲了发生的事。好心的猴子对小斑马说，一定会帮她找到她的斑纹。

"有很多地方我们可以找呢。"猴子说，"让我们先去看看

鬣狗哈哈的窝。"

条条和莫林找到了鬣狗哈哈的兽穴，可是只有哈哈的孩子在那儿玩耍。

"你是什么动物？生来就长成这样吗？"小鬣狗问条条。

"不，我原来不是这样的。"条条对小鬣狗们讲了她丢失斑纹的故事。

"我们可以叫家人帮你找。"小鬣狗说，"你能等到他们回来吗？"

但是猴子莫林不信任鬣狗，他知道，鬣狗最喜欢吃斑马了。"谢谢你们，"猴子拽了一下条条的尾巴，一边走开一边说，"我们还有要紧事。走啊，条条！"

他们继续寻找，一路问询所有遇见的动物。可是谁也没看到条条的斑纹，金龟子没看见，埃及鹅没看见，就连智慧的老象也没看见。

最后，他们来到风车子大树那儿。这棵老树已经死了数百年了，但仍然支持着很多各种形式的生命。鸟儿在树干上筑窝，昆虫和蛇也离不开它，甚至金钱豹也会爬上树顶瞭望。

"就在树上面，"猴子说，"住着地犀鸟，一种像火鸡一样的鸟，脖子上有一嘟噜红袋子。听说她很善良，我们去问问她吧。"

莫林几下子就爬上了树，敲打一个树洞。

"有人在家吗？"猴子问，"我们想请你帮个忙。"

听见动静，地犀鸟探出脑袋。

"我能帮你什么忙？"地犀鸟问，"很少见你来到这棵枯树呀，这里既没有你吃的水果，也没有坚果。"

猴子莫林讲了条条的不幸遭遇。地犀鸟摇摇尖嘴巴说："我们跟有些鸟儿不同，从来不把斑纹这类的垃圾拿回家筑窝。这件事我真帮不上忙。"

"请给我们点儿主意行吗？"莫林祈求说。但地犀鸟还要忙着照顾她的小鸟，建议他们去问问长颈鹿。

长颈鹿高高见到白色的斑马条条时，吓了一跳。她低下头惊讶地对条条说："发生了什么糟糕事儿？你不觉得冷吗？"

"我感觉糟透了，越来越糟糕。"条条沮丧地说，"我想我那些斑纹可能已经被谁吃掉了，永远也找不回来了。"

"别灰心，"长颈鹿说，"可能谁把你的那些条纹拿回家筑窝了，总有这种可能。你问过锤头鹳夫妇了吗？他们在无花果树上有一个巨大的鸟巢。你知道，他们什么古怪东西都用，小棍子，乌龟壳，还有骨头什么的。去问问他们。如

TALES OF THE
FULL
MOON
月圆时的丛林聚会

果他们用了你的斑纹，我一点都不奇怪。"

"哦，谢谢高高！"条条感激地说，"我们马上就去拜访锤头鹳夫妇。"

莫林和条条前往河边，那里有一棵老无花果树，长长的树枝伸向河面。在远处，他们就看见锤头鹳的鸟窝了。锤头鹳先生此时正好飞回来。

"好大的鸟巢呀！"条条惊叹，"得需要多长时间来建这样一个窝？"

"至少得用好几周吧。"猴子回答说，"我们常常想，他们为什么要这样建窝。他们的近亲苍鹭的窝只不过是用树枝和小棍子搭建的。如果你能看到他们窝的里面，会发现它非常坚固，可以禁得住大雨和风暴。"

莫林接着说："锤头鹳夫妇俩一起干。首先，他们用树杈建筑鸟巢基底，外面糊上泥巴。等泥巴干了后，再加上一层草。然后他们再搭建上树叶呀，贝壳呀，鸟的羽毛之类的，就看能找到什么了。他们很有可能在水塘里找青蛙吃的时候，发现了你的斑纹，就拿去用了。"

条条在树荫下等着，猴子莫林爬上鸟巢。

"打搅了，锤头鹳夫妇，你们能抽空跟我说几句话吗？我有点急事想问你们。"

锤头鹳先生出现了，他的眼睛巨大，鸟喙像铲子一样。"谁找我？"

"是我，猴子莫林，还有斑马条条。我想请问你今天早晨去水塘觅食的时候，有没有看到一些斑纹条？"

"嗯，我要是看到了呢？"锤头鹳先生说，"我干什么跟别人没关系。"

"哦，拜托了，锤头鹳先生，"条条着急地在树下说，"请一定帮帮我，看看我都成什么样子了？"

锤头鹳回到鸟巢里去，好长时间没动静。条条和莫林不知道他是否还会出来。一会儿，他们听见锤头鹳先生对他的太太唱起歌来。

"他既没有说有，也没说没有。"条条发愁地说，"我希望他明确一点。"

"别着急，小东西。"莫林对树下的斑马说，"我感觉，咱们要找的东西就在这儿。"

过了一会儿，锤头鹳太太出现在鸟巢边上，开始对他们讲话。

"莫林，你这个偷蛋鬼。我听说，你指责我们偷了条条的斑纹。不过，你这回没错，但我要纠正的是，我们怎么知道那是别人丢的东西呢？斑马一般没有丢东西的习惯。"

"亲爱的锤头鹳太太，"条条在树下高兴地说，"千万别生气。我只想把我的斑纹找回来，以后再也不淘气了。"

"那可是个进步，"锤头鹳太太说，"你太让你父母操心了。好吧，我把斑纹还给你。希望莫林能把它们按原样给你贴好。"

猴子激动极了，结果在下树的途中，把斑纹条都缠在一起了。

“快点儿，莫林。天快黑了，你该看不清往哪儿贴了。”条条说。

条条好高兴啊，当莫林跳来跳去，小心地往她身上贴回斑纹时，她都难以安静下来。莫林的活儿真不好干，特别是往条条头上、腿上和尾巴上贴斑纹时。

“条条，别动！”莫林嚷到，“你老是动来动去的，我怎么贴呀。”

莫林终于干完了。当森鸠嘟嘟来看他们的时候，条条已经恢复原样了。

“你真棒，莫林！”嘟嘟银铃一般唱道，“你今天干了一件好事呀！”

“条条，你现在看上去真英俊，又成了黑白条纹的斑马啦！”莫林一边说，一边高兴地回到树上。

“谢谢你，我的长尾巴朋友。”条条感激地说，“希望有一天我也能帮上你的忙。”

说完，条条欢蹦乱跳地回家去了。

噪环鸟给猴子莫林上了一课

MERLIN MONKEY
learns a
LESSON

一天晚上，我正在想讲什么故事，突然头顶上的树枝发出一声响动。抬头一看，一群长尾黑颚猴又来晚了，每次月圆故事时间，他们都迟到。周围总算安静下来了，我开始讲故事。

"今晚我要讲一个关于猴子莫林的故事。"我指着猴群里最小的一只猴子说，他正在鼓捣自己的长尾巴。

一片云彩掠过，半遮住圆圆的月亮。我停顿下来，等月光再次照耀灌木丛，我看到莫林用爪子捂住了脸。我想，他是不是为自己一贯的淘气行为感到羞愧呢？

"猴子莫林最喜欢刺激，"我接着讲，"任何危险的事，任何禁止做的事，莫林都忍不住要试试，好像游戏一样。"

他最喜欢干的就是偷鸟蛋。除了鸟蛋美味好吃，偷蛋还意味

着他要整天爬高下低，偷看这个窝、那个巢。他还能甩着长尾巴在细长的树枝尖上炫耀自己平衡的本事，织巢鸟总是在树尖上构筑他们的吊巢。

"你每次偷一个鸟蛋，"猴妈妈对莫林说，"丛林里就会少一只唱歌的鸟。如果所有的猴子都像你一样淘气，丛林里根本就没有鸟儿了。"

就像很多小家伙一样，妈妈的话对莫林来说就像耳边风。他只顾着嬉笑玩耍，一如既往，该干什么还干什么。

渐渐地，鸟儿们都知道了，有一个长尾巴的小偷会偷蛋。但不管鸟儿们如何小心地保护他们的鸟巢，偷蛋的动物如大蜥蜴、蛇，还有猴子总是有机可乘。

莫林最喜欢到那些大鸟的窝里偷蛋。这是他喜欢跟松鼠嘻嘻分享的一种游戏，嘻嘻跟他一样热爱冒险。

蛇鹫，又叫文书鸟，总是把巢建在荆棘树顶上，他们的窝最吸引莫林。蛇鹫在草原上专爱吃蛇和蜥蜴。

"哎呀，"莫林看到蛇鹫如何用尖利的鸟喙和爪子把猎物撕碎吃掉，吓坏了，"千万别离这些家伙太近了！"

"你肯定不敢偷他们的蛋。"松鼠嘻嘻挑衅说，"他们太可怕了！"

"哼，不管多大的鸟，我都不害怕！"莫林傻乎乎地吹牛说。

他的机会来了。一天，一条巨大的眼镜蛇从草丛里悄悄爬到荆棘树旁。转眼间，灰色的蛇鹫一个俯冲向眼镜蛇发起攻击。莫

林看着大鸟一下又一下地袭击眼镜蛇。

眼镜蛇扭来扭去，抬头试图反击，但无济于事。蛇鹫展开双翅，凶猛冲击，反抗中的眼镜蛇终于不动了。

"我在这里看鹰蛇打斗干吗？我应该趁机去偷我的早饭呀。"莫林突然想到。但他动手有点儿晚了。当雄鸟与眼镜蛇战斗之际，雌鸟从窝里看到正往树上爬的莫林。

"滚开，"雌鸟大叫，"这里没有鸟蛋！"

雌鸟叫声未落，莫林就赶紧爬下这棵树，蹿上另一棵树。

"傻猴子，错过机会了吧？"嘻嘻幸灾乐祸地说，"那上面有三枚大白鸟蛋。"

"我知道，"莫林扫兴地说，"但我不想落得那个死蛇的下场。不管怎么说，"莫林对松鼠说，"你不觉得蛇鹫其实是我们的朋友吗？他们杀死眼镜蛇，而眼镜蛇会吃我们的。"

一只暗红啄木鸟飞了一圈儿，落在一棵开满红花的树上。

"他看上去多古怪呀，红帽子配上黑胡子。"松鼠嘻嘻说。

"他很专业的。"莫林说，"他会一直啄那个树干，直到发现里面的虫子。"

啄木鸟没注意周围的动静，开始用他尖利的爪子抓在树干上啄木。他啄了一会儿，就掉下来一些花汁，洒在他头上。

"呀，蜜蜂在这儿就可以大吃了。"莫林说，"这种红花好浓艳，肯定很甜。"

"我知道他的窝在哪儿，"嘻嘻说，"如果他的太太也不在家，

我们或许能偷他们的蛋，走吧。"

　　接着，嘻嘻和莫林从这棵树蹿上那棵树，最后来到树叶发亮长满荆棘的树上。找到啄木鸟的鸟巢，一看空着，猴子莫林就赶紧抓了两枚鸟蛋。

　　"嘻嘻，你看，"他叫着，"这些蛋都破了。"

　　"哦，也许是指蜜鸟干的吧。"嘻嘻说。

　　"你是什么意思？"莫林问。

　　"在鸟类里面，有一些被称为寄生鸟，指蜜鸟就是其中一种。他们把蛋下在其他鸟的鸟窝里，这些外来的鸟蛋就跟着主人家的鸟蛋一起孵化了，而且主人好像并不介意。唉，可怜的啄木鸟，他们不仅接受外来的鸟蛋，自己的鸟蛋也遭了难。因为，这些寄生鸟还会把主人家的鸟蛋给毁了。"

　　"我却很同情指蜜鸟。"莫林说，"没有自己的家真是一件不幸的事。"

　　"或许他总是忙着指引蜜獾去找蜜吧。"

　　"噢，我现在真想吃点蜂蜜！"莫林说，"我好长时间没吃东西了。"

　　"别担心，莫林，我们还可以去很多其他鸟窝偷蛋。"嘻嘻总是有无穷的鬼点子，"明天的早餐，你想吃橄榄绿色的噪环鸟蛋吗？"

　　"嗯，我当然想！明天蒙蒙亮我们就动手。这次我希望能成功。"莫林说。

没人知道噪环鸟是怎么得到猴子和松鼠要来偷袭他们鸟窝的消息的。或许是躲在树枝里的虫子，偶然听到了嘻嘻和莫林的计划；也许是树蛙，他们看上去就像一块树皮；也有可能是头朝下挂在树枝上的大蝙蝠，他们听到了莫林和嘻嘻的对话，决定把消息传出去。不管是谁吧，他们可帮了噪环鸟的大忙。否则，那天早上噪环鸟的鸟蛋肯定会被偷走了。

　　一得到消息，噪环鸟的头领召集了他们家族成员开会。"各位亲友，我并不想吓唬你们，但我听说松鼠和猴子正计划来偷袭我们的鸟巢。我相信有一个可靠的办法能阻止他们，同时还能教训他们一顿，让他们再也不敢了。"

　　那天下午，通常是噪环鸟回巢休息的时间，但我看到他们有点异常。他们在槐树和无花果树之间飞来飞去，嘴里叼着好像又黏又亮的东西。

　　"你们叼着什么呀？"我问。

　　"噪环鸟，噪环鸟，"他们唱着，但不回答我的问话。"你会知道的，哈哈哈！"他们一边飞，一边说，"明天再问我们吧，今天别问。"

　　我当时想，他们可能神经了。看着他们飞来飞去，来来回回，我的头都晕了。我完全猜不出他们准备干什么，在一侧树枝旁的长颈鹿高高也猜不出来。

　　第二天早晨，莫林和嘻嘻起了个大早，趁着黎明的第一道晨曦穿过丛林。当太阳升起时，他们悄悄看着噪环鸟起来，伸伸翅膀，

召唤一下邻居，转了一圈、两圈、三圈，然后就飞走了。

"好！"莫林确定噪环鸟离开去觅食了，"现在我们可以去吃早餐啦！"

"是呀，到时间了，"嘻嘻着急地说，"我好饿呀，此刻能吃掉一个鸵鸟蛋。"

嗯，你能猜到下一步发生了什么。莫林爬上树接近鸟窝，匆忙之中他没发现树枝上那些黏糊糊的东西。等发现时，已经太晚了，他被粘住，动不了啦！他试着跳一跳，往前往后，又拽又拉，可一点用也没有。

"我们中计了！"莫林对嘻嘻说，"他们知道我们要来。"

躲在附近树上的噪环鸟们看到猴子莫林真的被粘住了，马上飞了回来。

"哼，偷蛋鬼，教训你一下。"他们叫着，"哈哈，你被抓住了。我们希望你能在这儿好好反省一下自己的坏行为。"

可怜的莫林，一动不能动，只能坐在那儿干等着。

而松鼠嘻嘻匆忙逃到一棵大树洞里，藏了一天不敢出来。

"我该去看看莫林。"嘻嘻一遍一遍这样想，可是她不敢面对那些厉害的噪环鸟。

我很同情莫林，所以给他送去了一点坚果和浆果，让他不会饿坏。

"你呀，恐怕得等到下雨了，"我对莫林说，"雨水会把粘住你的胶冲掉，你就解脱了。"

很长时间以后，能带来雨水的风终于刮过来了，而且刮得越来越大，但是尽管乌云满天，可雨水就是没下来。

"我可能快要死了。"当我去看莫林的时候，他哭起来，"慧慧，你真好心，但是一个星期只吃一个无花果和一个坚果，我活不下去呀。"

"不会等太久了。"我安慰莫林，可心里也为他担心。他身体很瘦了，脸看上去就像一个老猴子。我还知道，因为老朋友嘻嘻弃他而去，他很伤心。

我跟嘻嘻保证过，不会告诉莫林她自己也遇到了大麻烦。噪环鸟用来对付他们的胶也粘到松鼠嘻嘻的尾巴上一些，现在她不能自由自在地跳上树了，只好等着下雨，否则只能待在地上。

一天晚上，当我们几乎绝望了，突然阵阵雷声滚过来，闪电划过夜空，一场倾盆大雨从天而降。我赶快躲到一大片树叶下，免得被冲走。

长颈鹿高高不担心被雨淋湿，告诉了我莫林的情况。她说，莫林不用等很久就能让自己又疼又酸的身体离开那个树枝了。大雨淋湿了大树、灌木丛和大地。莫林终于爬下大树，用爪子捂住脸，羞愧极了。不过这没有持续很长时间。

你能想象长尾猴不笑吗？我想象不出，肯定你也不会。

噪环鸟、啄木鸟和蛇鹫也都笑了。因为他们知道，从此以后自己的鸟窝和鸟蛋都会安全一些了。

小河马找妈妈
SPLASH, THE BABY HIPPO

"今晚，我要讲小河马华华的故事。你们都看到，华华自己从来没有错过每个月圆时候的故事。"

当听到自己的名字，华华站起来，张开大嘴向大家致意，差点儿把站在他脖子上的森鸠嘟嘟给摔下地。

华华是河马妈妈的骄傲，又苗条又听话。华华出生时跟所有小河马一样是肉粉色，不过很快他就变成灰色，跟大家一样，看上去好像一块岩石。从早到晚，他都跟在父母身边，因为他知道，幼小的河马自己跑开会很危险。

那华华是怎么知道周围环境的危险呢？有谁告诉他了吗？

没有。所有的动物生来就自然有自我保护的本能。如果不是

这样的话，没有动物能够幸存。没有这种本能，狮子就不可能猎食，大象就找不到水源。

如果没有这种天生的智慧，我们就不知道该怎么生活下去。

华华和他的一家很清楚，他们最可怕的天敌就是鳄鱼和狮子。他们也知道这种危险随时存在，当天敌袭击时，你几乎没有机会保护自己。

当狮子袭击河马时，大多是在陆地上，而且是在夜晚他们需要食物时。而鳄鱼总是在水里发起攻击，还总是冲向最小的河马，因为他们无力反抗。

白天，河马这些爱水又喜欢群居的动物会聚在一起晒太阳。对群居动物来说，白天是扎堆一起玩耍或打架的时候。只有当夜幕降临，他们才离开比较安全的水域，上陆地去找寻食物。单独或成对，在熟悉的路径上寻找小树枝和野草什么的。

每次出去找食物的途中，华华都能学到很多东西。有时他们可能会遇到食蚁兽在捕食白蚁，食蚁兽用又长又尖的舌头把白蚁从他们的巢穴里拽出来。吃花朵的大眼睛夜猴常常从树顶上跟华华打招呼，他们的声音听起来像小孩儿哭一样。有时他们在路上会看见豪猪咆哮着并抖动身上的钢毛警告他们。

一天晚上，河马们走了很远去捕食，华华跟不上，掉队了。他很累，越走越慢，终于不得不停下休息。

突然，他面前的路上出现了两道光，挡住他的去路。

华华吓得魂儿都掉了，浑身发抖，一动也不能动了。这时候

他听到了一个声音。

"你好，华华。别害怕，我不会伤害你的。"

华华从来没有听到过这么奇怪的声音，就好像他姨妈嗓子坏了时的声音。他慢慢地往前爬，头低低的，仍然很警觉。

声音好像来自一棵枝叶繁茂的大树，他以前没注意过。

"我是猫头鹰乎乎。"一个尖锐的声音传来，"我经常看到你，虽然你不认识我。我只是一个孤独的老猫头鹰，想找人聊聊天。"

华华开始对猫头鹰感到同情，他忘了害怕。另外，他也忘记了妈妈的嘱咐，坐在大树下，开始听乎乎说话。他羡慕猫头鹰绒绒的翅膀，但愿自己也有这样一副翅膀遨游天空。

噢，猫头鹰的眼睛多大呀，还有他的耳朵！华华感到跟猫头鹰比起来，自己的生活很单调。

"我的小朋友，我们猫头鹰只有在晚上猎食。"乎乎说，"你的晚上，对我们来说就是白天，我们的眼睛可以抓住每一道光线，我们的耳朵可以逮住每一丝细微的声响。小鸟、老鼠等都是我们的食物。我们的感官非常灵敏，他们一动，我们就能感觉到。我们的翅膀飞起来一点声响都没有，所以我们总能出其不意地抓住猎物。"

月亮慢慢从乌云里露出头来，照亮了树林。一只蝙蝠飞过去，一只豺狗在远处叫唤。而更远的地方，传来狮子的吼叫，他的长啸传遍整个灌木丛。

"狮子！"华华叫起来，"他们过来了！天哪，可以保护我的妈妈在哪儿？我怎么找到妈妈呀？"

"别担心。"猫头鹰安慰华华，"那狮子在很远的地方呢，他根本不知道你。唉，都是我的错，我一定帮你找到妈妈。有很多朋友可以帮助我们。"

"他们大多数都在睡觉呢。"华华扫兴地说，

"我们没法把他们叫醒。"

"呵，在大自然里你还有很多要学习的东西呢。"猫头鹰说，"你忘了吗，我就是白天睡觉、夜里出现的鸟，有很多跟我一样的动物呢。"

"我肯定狮子往我们这边来了。"华华一边说，一边试图躲在草丛里。

"勇敢点，小东西，相信我，你不必害怕。我们应该先去找尖嘴巴大尾巴的麝猫。他独自生活，喜欢黑夜，白天你可能发现他躲在食蚁兽或豪猪的地洞里。我要飞了，跟着我。"

当他们找到麝猫的家，麝猫正在忙着吃虫子，他不愿在吃饭的时候被打搅。

"麝猫，请告诉我，你是否看见了一只庞大的母河马？"乎乎问他，"她从这里路过了吗？"

"她长得什么样？" 麝猫问，"我已经很久没有见到过任何水里的怪物了。"

华华说："她长得跟我差不多，但比我大多了。她身体是灰色，腿又短又粗，短尾巴，圆耳朵。对了，她身体上没有毛。"

"什么？没胡须吗？" 麝猫惊讶地问。

"没有。也没有像你那样的爪子。不过她虽然只吃植物，但牙齿比你的大。"

"嗯，我肯定没有看见任何像你形容的那样的动物从这里路过。" 麝猫咳嗽着说，"反正，我不爱管闲事。"

"你难道没有朋友吗？"华华问。

"我从来不觉得孤单。"麝猫说，"你们河马非得聚在一起生活，我感到很奇怪。我喜欢独自生活。"

"唉，我们站在这里没什么意义了。"猫头鹰说，"可能其他动物能帮助我们。"

猫头鹰和小河马继续往前，发现金龟子在一堆大象粪便上休息。

"我们问问他吧。"猫头鹰建议说，"这种甲壳虫总是忙忙碌碌，知道的事情不少。"

但是，他们两位还没有开口，金龟子就从大象粪团上爬下，向他们走来。

"两位晚上好。"金龟子说，"今天一天过得不错吧？河马跟猫头鹰在一起倒是很罕见的景象。不过生活中总是充满令人惊讶的事，这个世界才更有意思。"

"看见这么喜兴的动物真令人愉快。"华华说，"我希望你能帮我找到妈妈。不过，请你先告诉我，你在那堆大象粪便上干什么呢？"

"嗯，勤问问题，就会越来越聪明。"金龟子说，"我很喜欢你这个胖胖的小河马。行，我这就告诉你我跟粪便的关系。"

猫头鹰在树枝上待住了，眨眨眼，扇扇翅膀，准备听故事。因为他也不知道金龟子为什么要玩那些粪团。

"我们金龟子，俗称屎壳郎，是地球上最古老的昆虫，属于

圣甲虫类。在古埃及的时候，我们被视为神圣的昆虫，不过那是古时候的事了。

"我们对大自然的作用在于使土地肥沃。我们倒腾过的任何粪便都成为植物生长的肥料。如果没有植物，所有的动物就会饿死。我们清理草原上的粪便，还有很多动物以我们为食，例如蝙蝠、刺猬和鼩鼱等。虽然我们身材不算苗条，但我们的翅膀在阳光下闪烁着蓝金色，为大自然增添了一点色彩。"

金龟子接着说："当个金龟子得有技巧呢。首先你得发现一团粪便，然后按需要把粪便扒拉开，再把它们弄成一个个小球。接下来，你得用后腿抓住小球，用前腿推它。让小球滚呀滚呀，最后掉进你事先挖好的洞里。"

"那你的太太呢？"

"我们想要繁殖的时候，就把太太放在粪球上一起滚。粪便不但给我们提供食物，也是我们后代的温床，我们把卵产在粪球里。"

"好聪明噢！"小河马说，"现在我可知道大象的粪便到哪里去了。我们河马的粪便也很有用的，它们为水里的小生物提供食物，像浮游生物，这些浮游生物又成为鱼的食物。"

"嗨，嗨，神圣的甲壳虫，"猫头鹰叫道，"你还没告诉我

们你是否看到了小河马的父母呢。他走丢了，我们要帮助他回家，免得被狮子先发现了。"

"嗯，我想我能帮上忙。月亮升起来一个小时前，我看到这条路上有河马的足迹。有一只河马在前面小路的急转弯处停下来，咕噜了几声。她没听见回音，就慢慢朝河边走去，还不时回头看看，好像丢了什么。"

"呵，她一定是在找我！"华华着急地说，"可怜的妈妈，她现在可能已经放弃找我了。"

"呜……，谁放弃谁啦？"旁边一个声音说。

"是我，小河马华华。"华华对刚出现的鬣狗哈哈说，"你能告诉我是否看见我妈妈了吗？"

"我看见了。你跟我一块儿走吧。"鬣狗哈哈说，"还有你，金龟子。当然，如果你能跟上我们的话。"

"我可以带上我的粪球吗？"金龟子问，"如果没有它，我会很饿的。"

"当然可以，"猫头鹰说，"很难想象屎壳郎没有粪球。"

就这样，鬣狗、猫头鹰、小河马还有金龟子一起上路了，沿着一小时前老河马走过的小路。

我听说他们远道而来，决定见见他们。我不需要走很远，因为华华的妈妈就在附近小河边休息，她看上去很伤心，皱纹好像也多了。当她终于看到小河马回来了，简直不能相信自己的眼睛。她欢叫着，猫头鹰也一起叫，鬣狗哈哈也大笑，我再也忍受不了

这么大的噪音啦。

我抓紧蛛网，用脚捂住头，堵上了耳朵。

大象鼓鼓，丛林的主人
RUMBLE DRUM,
LORD
of the
LAND

下面这个故事是大象鼓鼓给我讲的，他似乎很气愤，我都担心他会把我从树枝吹到地上。

长颈鹿高高从树顶探出头来。

"大象鼓鼓，你怎么啦？"高高问，"你这么聪明，怎么就发起脾气来了？"

"我很生气，"大象闷声闷气地说，"不是无缘无故生气。如果谁都不尊重你，尽管你是丛林里的主人，就像我，你会怎么想？"

"只有你才拥有这个头衔，"看着大象鼓鼓渐渐平静了，我说，"告诉我们到底发生了什么事，这样你可能会好过一些。"

下面就是大象鼓鼓对我讲的故事。

"那是在昨天，"大象开始讲，"一天的暑热开始渐渐凉爽的时候，我心满意足地散着步。每年一月份，是我们大象最舒服的季节，可以吃到很多马鲁拉树的果子。"

　　"猴子、狒狒和其他很多动物也喜欢吃这种果子。"长颈鹿高高说，"不过这种果子多得是，足够大家吃。"

　　"是呀，果子是很多。"大象说，"果子不是问题。我只是不明白，为什么我找到的每一棵马鲁拉树都被占领了。"

　　第一棵树是金钱豹如风，他让我很不爽。我以为，他看见我会离开，让我吃点果子。可是，这个长尾巴的斑点大猫竟然纹丝不动。还说："这棵树是我的，我把捕猎来的羚羊拖到这里来，我不想被打扰。"

　　我问他："哼，从什么时候开始你的愿望要凌驾于我的呢？"我又问他："你难道不知道谁是灌木丛林的主人吗？"

　　"如果你像他们说的那么聪明，就应该赶快离开，要不我会咬掉你的鼻子尖。"如风咆哮着说，"你或许是地球上最大的动物，但是鼓鼓先生，今天我就是不让开。"

　　你们可以想象，我当时有多么愤怒。但我决定这次就让了他，反正别处也有很多浆果。实际上，满地都是果子。不过，我对自己说："哪天我非教训那个豹子一顿不可。如果不这样，他就不知好歹。"

　　我继续走，不久又发现了一棵马鲁拉树。但是当我把鼻子伸

出去时，突然听到茂密的树叶里发出一声怪音。然后我就感觉到一对柔软的鸟翅膀，好像倒挂在树枝上。

"噫……呵！"一个小尖声音叫道，"你怎么敢打扰我！你不知道这是我休息的时间吗？"

"你是什么鸟？"我问，"谁给你的权力说这棵树属于你？"

"我是大蝙蝠，又叫果蝠，"小声音说，"我根本不是鸟。你这么聪明的大象应该知道呀。"

"你如果不是鸟，为什么有翅膀呢？"我问他。

"我的翅膀上没有羽毛，"蝙蝠说，"但我能飞得跟许多其他鸟儿一样快。夜里，我用视觉和听觉找到方向。我用舌头发出声响，然后听回声就能知道前面是树，还是灌木丛或者蚂蚁堆。所以，我们蝙蝠从来不会撞上东西，不管多小的东西。当然了，因为没有羽毛，我们不能像老鹰和秃鹫那些有羽毛的鸟那样，借助风力翱翔。"

"那你们在窝里产卵吗？"我又问他。

"哎呀，你这个老傻瓜！"蝙蝠笑起来，"我们是哺乳动物，就跟你一样。我们生出小蝙蝠，他们吃奶长大。就像你们的小象吃象妈妈的奶一样。"

然后大蝙蝠张开他的翅膀，"我的翅膀可以让我在夜间自由飞翔。我的爪子有四个长长的指头，它们可以支持我薄膜一般的翅膀。我的大拇指很短，用它能牢牢抓住枝干。因为我体重很轻，所以飞起来很灵活。大象先生，你的身体那么重，为什么走起路

来也几乎没有什么声音呢？"蝙蝠问。

"我不觉得自己很重呵。"我回答，"我的身体平衡非常好，跑起来可以达到每小时 25 英里呢，跟很多比我小巧的动物一样快。"

"你为什么不走开，让我睡一会儿觉？"蝙蝠说，"附近有很多这样的马鲁拉树呢。"

我很生气，真想撞一下大树，让这个蝙蝠掉下来。不过，我打消了这个念头，只是轻轻摇晃了一下树，很多的果子掉了下来。蝙蝠尖叫起来，翅膀扇动。我就走开了，一路拣了点儿浆果吃，算是自我安慰。

"跟一只蝙蝠争吵有什么意思？"当我走近另一棵马鲁拉树时心里这样想，"太丢面子了。"

当我走到这棵最大的马鲁拉树跟前，刚要往上伸鼻子时，头上一阵碎响。

"走开，你这个灰灰的皱皮大脚的东西。我在睡觉呢，别打扰我！"

"真见鬼了！"我说，"又是一个。"噢，我什么时候才能美美吃一顿饭呢？

"哎，大象鼓鼓，"这条大蟒蛇丝丝地说，"我不能挪开，我刚刚吞下一只小羚羊，得用很长时间来消化它。你知道的，我现在根本不能起身走开。"

"为什么你不能像我们一样，吃了就走呢？"我问，"你为

什么要在一个地方待这么长时间？"

"看看你多大，我多大。"蟒蛇说，"我吞下去的那只羚羊填满了我的肚子，我就是想走，也动不了呀。不管怎么说，你们素食动物不会理解我们肉食者。除了当一个聪明的老象，你在食物链里有什么作用呢？你能像我们一样通过吃掉一些动物来减少他们的数量吗？如果不是我们蛇类，世界上的鸟儿、老鼠和灌木丛里的羚羊就会过多了。"

"对周围的世界你一条蛇懂什么，"我反问道，"我怎能跟你这样的傻子一般见识？"

"行，如果我傻，告诉我你是怎么回事。告诉我，你有什么用处。"蟒蛇不高兴地说。

"好，你这个打瞌睡的爬虫，仔细听着。你该知道我在大自然里一个最重要的作用了。"我回答说，"当我们在稠密的灌木丛里吃草，就为很多其他动物开辟了觅食之地，就像你喜欢吃的那些动物，他们就可以吃到新草。

"我们在泥潭里打滚，就弄出一些水坑，又把很多泥巴粘在身上带走。我们跺脚、震动，让地下水渗到地面。干旱的季节，我们能挖掘水源，使其他一些动物得以生存。

"斑马、狮狮、疣猪，还有很多其他动物都跟着我们到干枯了的河床，等着我们挖掘出地下水源。另外，我们还是灌木丛里的开路者，我们开辟的小路连接着水源和食物源。我们走过的路是最好的路径，可以沿着我们的足迹走过高山、草原和荒漠。我

们可以拔起和扫除树木，同时也使很多植物生长。

"通过粪便，我们把吃下去的树种传播开。记住，蟒蛇，当我们推倒一棵树，大自然没有损失什么。大地需要树木的一切。倒下的大树能成为其他植物的温床，而植物又是很多动物的食物。如果没有这些动物让你吃，蟒蛇先生，你也就不会在我的大树上消化你的美食了。"

"噢，谢谢大象鼓鼓，谢谢你让我真正认识了你。我会让其他蟒蛇都知道你的作用。从今以后，我们会更尊重你。"

"哼，狡猾的蟒蛇。"我心里想，"他知道，如果他举止文明，我就不会赶走他。"我只好又走开了，肚子里空空如也。但走之前，我还是祝愿了蟒蛇做个好梦。

当我走到另一棵马鲁拉树，我的肚子已经叫得像地震一样响了。或许我的肚子响声惊动了一只正在饭后消食的秃鹫，他刚吃了狮子留下的碎肉。

"太糟了，"我想，"这次我一定不离开。"

"走开，大象鼓鼓，"秃鹫说，"我肚子很撑，今天早上，狮子抓住了一头斑马吃，剩下很多肉，豺狗、鬣狗和我们秃鹫都来吃。我必须在这里睡一觉，消消食。"

"我是一个爱好和平的大象，"我说，"但这简直是太过分了。我一定要在这里吃我的晚餐，不会离开的。"

"不过你得知道，"秃鹫说，"我不会为任何人挪窝的，你也不行。"

我突然爆发了，压抑不住怒火。我吸了满满一鼻子蚂蚁，朝那个无理的秃鹫喷过去。

　　"噢，噢！"秃鹫惊叫起来，"我想，是沙尘暴来啦！"

　　"秃鹫，没有什么沙尘暴。"我说，"你最好赶快离开，要不我就该用卵石打你了。"

　　于是，秃鹫一边尖叫，一边诅咒，张开翅膀飞走了。

　　我终于松了一口气，开始吃果子。但是想到灌木丛里的动物们这么没有规矩，还是余怒未消。我想，慧慧，真到了你告诉动物们谁是这片土地的主人的时候了。拜托了，别耽搁太长时间。

　　当我讲完了大象鼓鼓的故事，所有的动物都点头同意。"好了，鼓鼓，慧慧把你的信息传达给我们了，你永远都是这片丛林的主人。"

　　动物们悄悄散去。有的回去睡觉，有的开始猎食，我仍然待在树上，陪伴我的只有圆圆的月亮，银色月光照亮了我的丝丝蛛网。

Glossary
专业词汇

Barbel

　　触须鱼：一种淡水鱼，鱼嘴周围有四根胡须。这种鱼可以长得很大，可长达三英尺。它们生活在水流湍急的河流和沙底。

Civet

　　麝猫：属于猫科动物，体积也与猫相似。它们的尾巴很长，鼻子又长又尖。麝猫的尾部有一个能发散麝香味的液囊，它们以此来圈画自己的领地。

Dassie

　　蹄兔：这是一种毛茸茸的体积如兔子一般大小的动物。它们并不属于兔子家族，反而与大象是亲戚！它们的足上有底部柔软的小蹄子，有助于它们攀爬岩石，那里是它们居住的地方。

Genet
香猫：与麝猫同族，但尾巴更长，其上有成排的黑斑点。

Gray lourie
走开鸟：因为它们的叫声类似"走开"而得名。通常在非洲灌木丛地带可见。它们头顶有一簇羽毛，鸟尾很长。

Hamerkop
锤头鹳：鸟喙很长，头顶后部有一簇华丽的羽毛。这种鸟筑建巨大而繁杂的鸟窝，可使它们在那里生活多年。有时候它们的鸟窝也被其他鸟类和动物占据。

Honey guide
指蜜鸟：这些小而不起眼的鸟之所以叫指蜜鸟，是因为它们知道蜂巢在哪里。它们以蜂巢的蜡和蜜蜂的蛹为食。这种鸟没有窝，它们把蛋下在其他鸟的窝里，任由它们的幼鸟由其他鸟喂养。

Maroela tree
马鲁拉树：这是一种树顶树枝呈伞状的巨树。季节性地落叶，因此被称为落叶树。马鲁拉树果实虽小但多汁，大象最爱吃，人也喜欢吃！

Shrike
伯劳鸟：也叫百舌鸟。这种灰色或褐色的鸟以昆虫为食。它们觅食的方式很不寻常：它们把昆虫推挤到荆棘上，撕破昆虫的身体来吃。

Tok-tokkie beetle

　　非洲甲虫：这种甲虫用它们的身体后部拍打地面，发出 tok tokkie 的声响，因此得名。它们是食腐类昆虫，专吃腐烂的植物，而不吃新鲜植物。